"十四五"职业教育"特高"建设教材

单片机控制装置组装与调试

吴荣芳　王 维 ◎ 主编

化学工业出版社

·北京·

内容简介

单片机控制技术已广泛应用于国民经济的各个领域及日常工作和生活的方方面面，科技的进步和经济的发展需要大量熟练掌握单片机控制技术的高素质技能型人才。本教材共设置六个项目：单片机基础入门、跑马灯控制、数码管控制、显示屏控制、电动机控制和综合控制。每个项目由2～4个任务组成。

本教材遵循职业教育原则和职业学校学生的认知及技能形成规律，面向职业院校全体学生，针对性、实用性强。内容由浅入深，循序渐进，语言通俗易懂，图例清楚直观，并配套视频资源，方便学生自主学习。

图书在版编目（CIP）数据

单片机控制装置组装与调试 / 吴荣芳，王维主编. -- 北京：化学工业出版社，2024.10. -- （"十四五"职业教育"特高"建设教材）. -- ISBN 978-7-122-46482-8

Ⅰ．TP368.1

中国国家版本馆CIP数据核字第2024YR0552号

责任编辑：孙高洁　冉海滢　刘　军　　文字编辑：蔡晓雅
责任校对：李雨晴　　　　　　　　　　　装帧设计：王晓宇

出版发行：化学工业出版社
　　　　　（北京市东城区青年湖南街13号　邮政编码100011）
印　　装：北京天宇星印刷厂
787mm×1092mm　1/16　印张15¾　字数284千字
2025年1月北京第1版第1次印刷

购书咨询：010-64518888　　　　　售后服务：010-64518899
网　　址：http://www.cip.com.cn
凡购买本书，如有缺损质量问题，本社销售中心负责调换。

定　　价：49.80元　　　　　　　　　　版权所有　违者必究

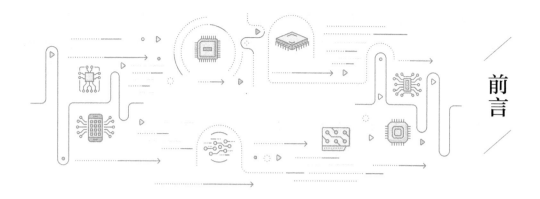

前言

　　教育部坚持以习近平新时代中国特色社会主义思想为指导，全面贯彻落实党的二十大精神，把教材建设作为深化教育领域综合改革的重要环节。为确保党的二十大精神进教材落到实处，取得实效，职业院校单片机课程教学不断地更新教学理念，矢志改革和创新，努力贯彻"以就业为导向""工学结合、校企合作"的人才培养模式和坚持"做中教、做中学"的人才培养过程与方法，充分展示了职业院校专业建设、课程改革的成果及学生的聪明才智和优良职业能力。

　　教材应该是体现先进理念、培养模式、教学方法的载体。为扩大优质资源的示范辐射作用，让全体职业院校学生受益，达到共同提高的目的，北京金隅科技学校依托集科学性、先进性、实用性、开放性于一体的单片机实训考核装置，进行了单片机课程教学的改革，使课程教学更具针对性、有效性，并组织编写了本教材，其特色为：

　　一、将知识难点及操作重点作为数字资源，以二维码的形式植入教材，更生动直观，便于学习。

　　二、遵循职业教育原则和职业院校学生的认知及技能形成规律，由浅入深、由单一到综合、由简单到复杂，循序渐进，语言通俗易懂，图例清楚直观，便于学生自主学习。

　　三、从实际应用项目出发，理论与实践一体，教学做合一，紧密结合教学装备，实操性强，且教学目标达成率高。

　　四、理论与实际相结合，工作过程与学习相结合，模仿与创新相结合，职业素养与专业技能训练相结合，阶段性学习与终身学习能力培养相结合，面向全体学生和培养竞赛选手相结合。

　　五、融入新技术、新方法，拓展新知识，体现教材的时代性、先进性。

　　本教材共设置了6个训练项目，其中，项目一至项目五为基础应用项目，项目六为综合训练项目。每个项目包含2～4个任务，都有经过验证的参考控制程序，可根据企业对相关从业人员的具体要求及学校教学安排自主选择教学项目。

本教材由北京金隅科技学校吴荣芳、王维担任主编，其中，吴荣芳编写了项目六并负责全书统稿和项目任务设置；王维负责全书电路图、流程图绘制，程序校验工作以及全书微课录制工作。陈英杰、吴丽娟、张皓楠、周晓雯、刘思琦分别负责项目一至项目五的编写及微课录制、PPT教学资源制作工作。张曼娜、宾雄辉负责全书内容审核工作。

本教材的出版得到各级领导的大力支持和帮助。由于编写时间仓促，编者水平有限，教材中难免存在不妥之处，敬请使用者提出宝贵意见和建议。

编　者

2024年5月

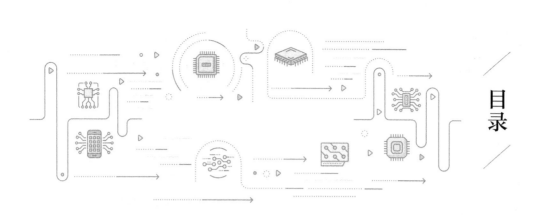

目录

项目一
单片机基础入门

001 ~ 038

任务一	认识单片机	002
任务二	KEIL 软件的使用	013
任务三	熟悉 YL-236 单片机实训装置	023
任务四	Proteus 软件的使用	032

项目二
跑马灯控制

039 ~ 086

任务一	单只 LED 灯点亮控制	040
任务二	单只 LED 灯闪烁控制	051
任务三	8 只 LED 灯闪烁控制	062
任务四	8 只 LED 灯流水控制	074

项目三
数码管控制

087 ~ 136

任务一	一位数码管显示控制	089
任务二	两位数码管显示控制	100
任务三	60s 倒计时控制	109
任务四	电子计时器控制	122

项目四
显示屏控制

137 ~ 172

任务一	点阵显示屏控制	138
任务二	静态显示广告屏控制	149
任务三	滚动显示广告屏控制	163

项目五

电动机控制

173 ~ 194

| 任务一 | 直流电动机正反转控制 | 175 |
| 任务二 | 步进电动机控制 | 184 |

项目六

综合控制

195 ~ 245

任务一	智能电动车控制	196
子任务一	智能电动车硬件调试	197
子任务二	智能电动车软件测试	209
子任务三	直流电动机脉冲调速控制及应用	213
子任务四	智能电动车基本动作控制	214
子任务五	智能电动车综合运动控制	216
任务二	智能物料搬运控制	224
子任务一	机械手机械部件识别	227
子任务二	机械手电气控制电路分析与接线	231
子任务三	机械手硬件调试	234
子任务四	机械手软件编程调试	236
子任务五	实战练习	238

参考文献

246

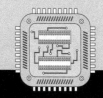

项目一
单片机基础入门

项目概述

单片机由于体积小、功能强、价格低,在各个领域得到了广泛应用。许多产品在应用单片机技术之后不仅简化了硬件电路、降低了成本,而且增强了功能。目前,以单片机为核心的智能控制产品正以前所未有的速度取代传统的电子线路产品,可以毫不夸张地说,单片机的应用已经进入现代社会生活的方方面面,是"无处不在"的。因此熟悉并掌握单片机技术,对现代社会工程技术人员来说是非常必要的。本项目将展开介绍单片机原理、编程环境、单片机实训装置、仿真软件等内容。

项目目标

1. 掌握单片机的构成及特点。
2. 了解单片机在各种领域的应用情况。
3. 能够识别AT89S51/52外部结构引脚及性能指标,了解其内部结构。
4. 会使用编程软件进行编辑、编译、下载、运行。
5. 根据YL-236实训装置各模块介绍,熟悉各模块外观、功能和有关接线端子。
6. 能对各模块进行识别,掌握各自作用,会进行简单接线。
7. 能够使用Proteus ISIS完成电路的绘制。
8. 在学习的全过程中,培养认真细致、实事求是、积极探索的科学态度和工作作风,以及理论联系实际、自主学习和探索创新的良好习惯。

任务一　认识单片机

任务目标

1. 掌握单片机结构及特点。
2. 了解单片机在各种领域的应用情况。
3. 能够识别AT89S51/52外部结构引脚及性能指标，了解其内部结构。
4. 在学习的全过程中，培养认真细致、实事求是、积极探索的科学态度。

任务分析

本任务是了解单片机的组成、特点及应用领域，掌握典型单片机AT89S51/52的性能指标、内部结构、引脚功能等基础知识，了解单片机的发展历程及发展前景。

知识准备

一、单片机基础知识

1.普通计算机的组成

普通计算机由硬件系统和软件系统组成。硬件系统由中央处理器（CPU）、主板、内存、硬盘、显卡、电源、输入输出设备组成，如图1-1所示。

图1-1　普通计算机硬件系统组成

特点是除运算器和控制器集成在一个芯片内外，其他组成部分均为独立安装。适用于办公、科学计算、家庭事务处理和工业测控等方面。

2.单板计算机（图1-2）

将中央处理器单元（CPU）、一定容量的只读存储器（ROM）、随机存储器（RAM）以及I/O接口电路等大规模集成电路组装在一块集成电路板上，并配有简单外设，从而构成了单板计算机，简称单板机。

图1-2 单板计算机

早期用于微机原理教学及简单的测控系统。输入输出设备相对比较简单。

3.单片计算机（简称单片机，图1-3）

将中央处理器单元（CPU）、RAM、ROM、输入/输出设备（I/O）等全部集中到一块集成电路芯片中，称为单片微型计算机，简称单片机。

图1-3 各种形状的单片机

单片机是大规模集成电路技术发展的结晶，它具有性能高、体积小、速度快、价格低、稳定可靠、应用广泛、通用性强等突出优点。

单片机在控制板中的应用如图1-4所示。

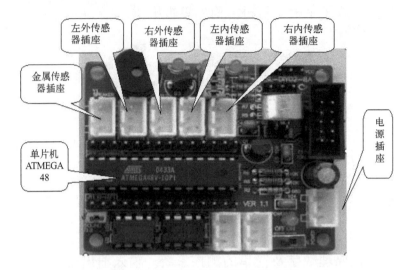

图1-4　单片机在控制板中的应用

4.单片机特点及应用领域

（1）单片机特点　单片机体积微小、可靠性高、价格低廉，所以应用十分广泛。

（2）单片机应用领域　①家用电器；②智能机器人；③智能仪器仪表；④网络与通信；⑤工业测控。

5.单片机应用举例

（1）单片机在家用电器中的应用　如DVD、热水器、彩电遥控器（图1-5）等。

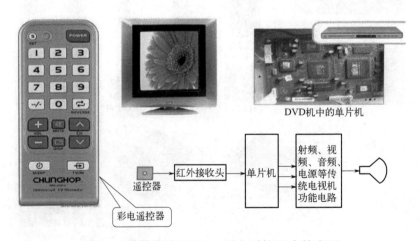

图1-5　单片机在DVD、彩电遥控器中的应用

（2）单片机在工业控制中的应用（图1-6）

图1-6　单片机控制机械手

（3）单片机在智能卡系统中的应用　如饭卡、电话卡、银行卡、交通一卡通等（图1-7）。

图1-7　单片机在智能卡中的应用

（4）单片机在机器人控制中的应用（图1-8）

图1-8　各种单片机控制的机器人

(5) 单片机在网络通信中的应用（图1-9）

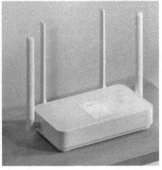

图 1-9　单片机在网络通信中的应用

(6) 单片机在建筑中的应用（图1-10）

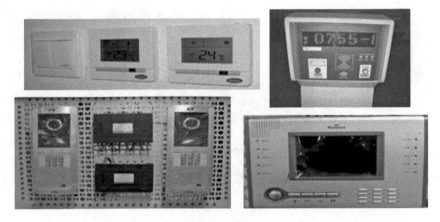

图 1-10　单片机在建筑中的应用

(7) 单片机在生活中的应用　智能玩具、遥控玩具、电子宠物、电子秤、售货机、柜员机、电子广告牌、跑马灯、智能刷卡设备、掌上游戏机等。

(8) 单片机在交通领域中的应用　GPS导航、车载通信、智能报站、自助售票机、智能交通灯、电子警察、汽车安全系统、汽车发动机电控系统等。信号系统是城市轨道交通机电自动化系统中最关键的部分，其核心是列车自动控制系统（automatic train control，ATC）。轨道列车在运行过程中会发生各种各样的状况，轨道列车的运行现代化、行车指挥、运行安全都需要借助于城市轨道交通信号系统。在目前的技术条件下，城市轨道交通信号系统已经实现了自动控制。单片机技术对于城市轨道交通运行的巨大作用不仅仅表现于使其更加安全、舒适、绿色和环保，而且使其从机电一体化向着智能自动化大步迈进。

(9) 单片机在国防领域中的应用　导弹、鱼雷、智能武器、雷达、电子战飞机等。

总之，单片机的应用从根本上改变了传统控制系统的设计思想和设计方法，以前必须由模拟电路或数字电路实现的功能，现在大部分能使用单片机通过软件方法实现了。

既然单片机有这么广泛的用途，下面就让我们走进单片机的世界，在实践中了解它吧！

二、典型单片机——AT89S51/52单片机介绍

1. AT89S51/52单片机引脚

AT89S52单片机引脚如图1-11所示。

2. AT89S51/52的主要性能指标

（1）与MCS-51单片机产品兼容。

（2）4KB/8KB可编程Flash存储器。

（3）1000次擦写周期。

（4）全静态操作：0～33Hz。

（5）128/256字节随机存储器。

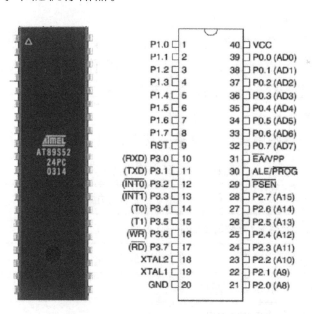

图1-11　AT89S52单片机引脚图

（6）32个可编程I/O口线（P0、P1、P2、P3四个8位接口）。

（7）2/3个16位定时器/计数器。

（8）6/8个中断源。

（9）全双工UART串行通道。

3. AT89S51/52 内部结构

AT89S52 内部结构如图 1-12 所示。

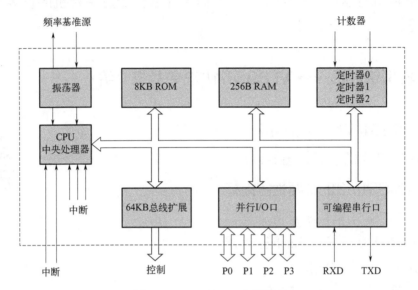

图 1-12　AT89S52 内部结构

4. 并行接口介绍

P0口：P0口是一个8位漏极开路的双向I/O口。作为输出口，每位能驱动8个TTL逻辑电平。对P0端口写"1"时，引脚用作高阻抗输入。

P1口：P1口是一个具有内部上拉电阻的8位双向I/O口，P1输出缓冲器能驱动4个TTL逻辑电平。

此外，P1口中有些引脚还具有第二功能，具体如表1-1所示。

表 1-1　P1 口中第二功能引脚

引脚号	第二功能
P1.0	T2（定时器/计数器2的外部计数输入），时钟输出
P1.1	T2EX（定时器/计数器2的捕捉/重载触发信号和方向控制）
P1.5	MOSI（在系统编程用）
P1.6	MISO（在系统编程用）
P1.7	SCK（在系统编程用）

P2口：P2口是一个具有内部上拉电阻的8位双向I/O口，P2输出缓冲器能驱动4个TTL逻辑电平。

P3口：P3口是一个具有内部上拉电阻的8位双向I/O口，P3输出缓冲器能驱动4个TTL逻辑电平。另外，P3口亦作为AT89S51/52特殊功能（第二功能）使用，如表1-2所示。

表1-2 P3口第二功能

引脚号	第二功能
P3.0	RXD（串行输入）
P3.1	TXD（串行输出）
P3.2	INT0（外部中断0）
P3.3	INT1（外部中断1）
P3.4	T0（定时器/计数器0）
P3.5	T1（定时器/计数器1）
P3.6	WR（外部数据存储器写选通）
P3.7	RD（外部数据存储器读选通）

5. 其他引脚介绍

RST：复位输入。

ALE/PROG：地址锁存/程序写入控制信号。

EA/VPP：访问外部程序存储器控制信号。为使能从0000H到FFFFH的外部程序存储器读取指令，EA必须接GND。为了执行内部程序指令，EA应该接VCC。

XTAL1：振荡器反相放大器和内部时钟发生电路的输入端。

XTAL2：振荡器反相放大器的输出端。

6. 其他特殊功能

（1）定时计数器　在AT89S51中有定时器0和定时器1两个定时器，而在AT89S52中有定时器0、定时器1、定时器2三个定时器。定时器有两种工作方式：定时方式和计数器方式。定时器中有2个8位寄存器，分别为TH0、TL0、TH1、TL1、TH2、TL2。其中TH表示高8位，TL表示低8位。

（2）中断　AT89S51有5个中断源：两个外部中断（INT0和INT1）、两个定时中断（定时器0、1）和一个串行中断。AT89S52有6个中断源，比AT89S51多一个定时器2中断。每个中断源都可以通过置位或清除特殊寄存器IE中的相关中断，允许控制位分别使得中断源有效或无效。IE还包括一个中断允许总控制位EA，它能一次禁止所有中断。其他各位功能如表1-3所示。

表 1-3　中断允许控制寄存器（IE）各位功能

符号	位地址	功能
EA	IE.7	中断总允许控制位。EA=0，中断总禁止；EA=1，各中断由各自的控制位设定
—	IE.6	预留
ET2	IE.5	定时器 2 中断允许控制位
ES	IE.4	串行口中断允许控制位
ET1	IE.3	定时器 1 中断允许控制位
EX1	IE.2	外部中断 1 允许控制位
ET0	IE.1	定时器 0 中断允许控制位
EX0	IE.0	外部中断 0 允许控制位

任务实施

通过以上的知识学习，了解单片机的结构特点及应用领域，掌握典型单片机 AT89S51 系列性能指标、内部结构、引脚功能，在此基础上完成学习任务单（表 1-4）。

表 1-4　学习任务单

序号	问题内容	描述与解答
1	什么是单片机	
2	单片机、单板机、普通微机三者的异同点	
3	单片机的应用领域，举例说明	
4	典型单片机的性能指标	
5	AT89S51/52 内部结构	

讨论

1. 分组讨论单片机、单板机、普通微机三者的异同点。
2. 举例单片机的应用。

作业

1. 单片机是一台概念上完整的_____，也称为_____。
2. 单片机芯片上由_____、_____、_____、_____等组成。
3. 单片机具有_____、_____、_____、_____等特点。

4. AT89S51/52单片机外形有_____个引脚，并行接口有_____、_____、_____、_____四个口，每个口有_____位接口，总计_____个可编程输入/输出接口。

5. AT89S51/52单片机有_____可编程Flash存储器，_____次擦写周期，_____字节随机存储器，_____个中断源，_____个定时计数器。

阅览室

一、单片机的发展历程

单片机是1971年出现的，最早的SCM单片机只有8位和4位。英特尔公司推出了8051系列单片机，并以8051为核心开发了MCS51系列单片机系统。以此为基础的MCU系统至今仍在广泛应用。16位单片机是在工业控制领域的需求不断提升的情况下才出现的，但是由于性价比不高而没有被广泛使用。20世纪90年代以后，由于消费类电子产品的迅速发展，使得微处理器的技术有了很大的进步。随着英特尔i960系列尤其是ARM系列产品的普及，32位MCU很快就从16位MCU中脱颖而出，进入了主流市场。

与之相比，8位微控制器的性能有了长足的进步，其运算速度比20世纪80年代快了几百倍。高端的32位SOC单片机，其频率已经达到了300MHz以上，其性能与90年代中期的专用处理器相差无几，一般型号的售价则降到了1美元，而最高档的也仅仅是10美元。

现代单片机系统的发展已不仅仅局限于裸机，而是更多地采用了各种特殊的嵌入式操作系统。而在一些高端的单片机中，如掌上电脑、手机等，更是可以直接使用专门的Windows、Linux等操作系统。

单片机的发展阶段：

1.1974—1976年，第一个时期

生产技术和集成性都很差，并且使用的是两个部件。其中最具代表性的就是费氏公司的F8系列。其特征为：片内仅包含8位CPU、64B的RAM和两个并行口，需外加一块3851芯片（内部具有1KB的ROM、定时器/计数器和两个并行口）才能构成一台完整的单片机。

2.1977—1978年，第二个时期

虽然在一片芯片中将CPU、并行口、定时器/计数器、RAM和ROM等功能组件集成在一起，但是它的性能较低，种类较少，而且使用的范围也不是很广泛。以英特尔的MCS-48为代表。该芯片具有8位CPU，1KB、2KB ROM，64B、128B

RAM，只有并行接口、没有串行接口，有一个8位定时器/计数器、两个中断源等。在40根引脚的情况下，片外寻址范围为4KB。

3. 1979—1982年，第三个时期

8位微控制器的成熟期。它的存储容量和寻址范围都得到了提高，而且中断源、并行I/O口和定时器/计数器个数都得到了相应的增加，并且集成有全双工串行通信接口。增加了乘法、除法、比特运算、比较等指令。其特征为：包含8位CPU、4KB或8KB ROM、128B或256B RAM、串/并接口、2或3个16位定时器/计数器、5~7个中断源。在40个引脚的情况下，片外寻址范围可以达到64KB。以英特尔的MCS-51系列、摩托罗拉的MC6805、TI的TMS7000、Z8等为代表。

4. 1983年至今，第四个时期

16位MCU与8位MCU齐头并进的时代。16位单片机具有先进的技术、高度的集成度、强大的内部功能、快速的计算能力，并且可以让使用者使用一种特殊的工业控制语言，它的特征是：片内包含16位CPU、8KB ROM、232B RAM、串/并接口、4个16位定时器/计数器、8个中断源，带有看门狗、总线控制组件，加上D/A、A/D转换电路，片外寻址范围达到64KB。具有代表性的是英特尔的MCS-96系列、摩托罗拉的MC68HC16系列、TI的TMS9900系列、NEC的783××系列、NS的HPC16040等。但是，16位单片机的价格相对较高，所以销量并不大，因此，更多的应用领域对高性能、大容量、多功能的8位单片机提出了更高的要求。

32位微控制器是近几年兴起的一款高性能微控制器，它是微控制器中的佼佼者。如摩托罗拉的M68300系列、日本日立的SH系列、ARM等。

二、基于单片机电子钟的国内外研究现状

21世纪是数字化技术高速发展的时代，而单片机在数字化高速发展的时代扮演着极为重要的角色。基于单片机操控的电子钟应用在学校、机关、企业、部队等单位礼堂、训练场地、教学室、公共场地等场合，可以说遍及人们生活的每一个角落。社会对信息交换不断提高的要求及高新技术的逐步发展，促使电子万年历发展并且投入市场得到广泛应用。随着科技的快速发展，时间的流逝，从观看太阳、摆钟到现在的电子钟，人类不断研究，不断创新纪录。DS1302是一种时钟芯片，它可以对年、月、日、时、分、秒进行计时，还具有闰年补偿等多种功能，而且DS1302的使用寿命长，误差小。数字电子万年历采用直观的数字显示，可以同时显示年、月、日、时、分、秒和温度等信息，还具有时间校准等功能。该电路采用STC89C52单片机作为核心，功耗小，能在5V的低压下工作，可选用4.5~5.5V电压供电。

任务二　KEIL软件的使用

任务目标

1. 能够启动编程软件，会保存编辑好的程序。
2. 能够输入和编辑基本的程序。
3. 能够完成上传和下载程序的操作。
4. 通过实训环节中动手实践能力的训练，激发自身的改革创新动力，做改革创新的生力军。

任务内容

对于使用者而言，单片机在使用中最重要的有两个方面：一方面是单片机的外部接线，这里将这部分称为单片机的"硬件"部分；另一部分就是要编写出能够完成控制要求的单片机程序，可以称之为单片机的"软件"部分。单片机要想实现一个完整的控制功能，就需要两个方面的完整结合——称之为"软硬结合"。要想学好单片机，就要"两手抓，两手都要硬"——一手抓软件，一手抓硬件，两手功夫都要硬。本任务就从学习编程软件（KEIL2）入手，并在此基础上学习如何编好一个程序。

任务分析

本任务是学习C语言编程环境软件（KEIL2）的正确使用，学习运行软件、新建工程项目、工程的设置、建立程序源文件、将程序文件添加至工程项目编译、将编译后的程序写入单片机芯片、软件仿真与调试等一系列操作。

任务实施

步骤1：打开软件

在计算机上安装了KEIL2之后，可以在开始菜单中找到它并打开它（图1-13）。

步骤2：新建工程

在KEIL2软件主界面顶部菜单处，单击"Project"菜单，然后选择"New Project"选项，将打开一个新的对话框，让

您选择要创建的新工程的类型（图1-14）。

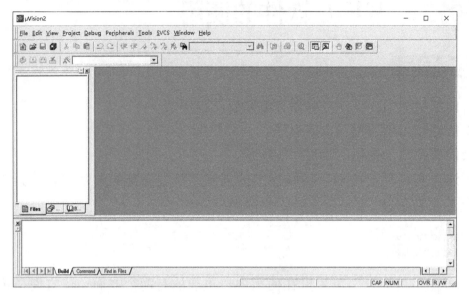

图1-13　KEIL2主界面

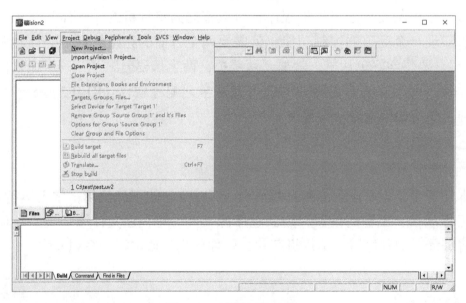

图1-14　选择新建工程

步骤3：选择工程创建路径并命名（图1-15）

选择工程存储位置，新建工程文件。工程存储位置在选定时避免中文路径，以免报错。选定工程文件夹并进入后，在文件名处为工程命名，此处注意工程名也应为字母和数字的组合，避免中文。填好路径和工程名后保存文件。

步骤4：芯片选择

在弹出的芯片选择对话框中，需要在"Atmel"目录下选择本课程使用的

"89C51"单片机选项，在未来的操作中，也可以根据项目要求选择其他单片机。选中单片机后点击"确定"进入下一步设置（图1-16）。

图 1-15　工程的创建

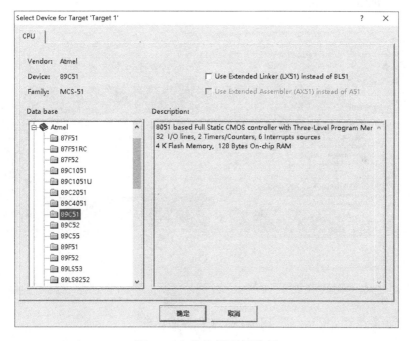

图 1-16　单片机型号选择

步骤5：创建源文件

新创建的工程需要手动创建源文件。可以在主界面顶部菜单"File"中选择"New"，也可以直接点击"File"选项卡下的新建文件图标。

新建文件后，建议优先进行保存。在"File"菜单中点击"Save"进入保存选项卡。这里需要留意文件名后需要加上".c"的后缀，表示这是一个C语言源文件，然后点击"保存"（图1-17）。

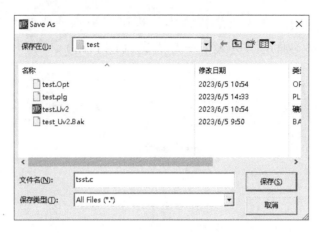

图 1-17 保存源文件

步骤6：添加源文件

在KEIL2的工程窗口中，右键单击"Source Group 1"文件夹，然后选择"Add Files to Group"选项（图1-18）。

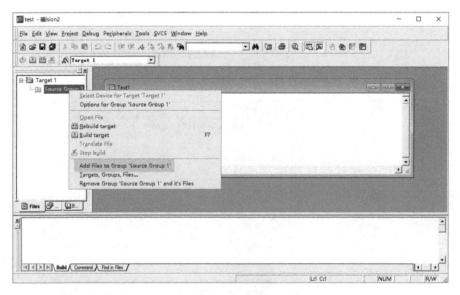

图 1-18 工程界面菜单

选中刚刚创建的源文件，并点击"Add"添加到工程（图1-19）。

步骤7：编写代码

添加源文件后，就可以在源文件中开始编写代码了，见图1-20。具体的程序语句逻辑和语法会在之后的任务中展开讲解。

步骤8：勾选生成Hex文件

编写好的C语言文件需要编译为Hex文件（即机器语言）才可以烧录到单片机。点击"Options of Target"打开项目设置选项卡（图1-21）。

图 1-19 添加文件界面

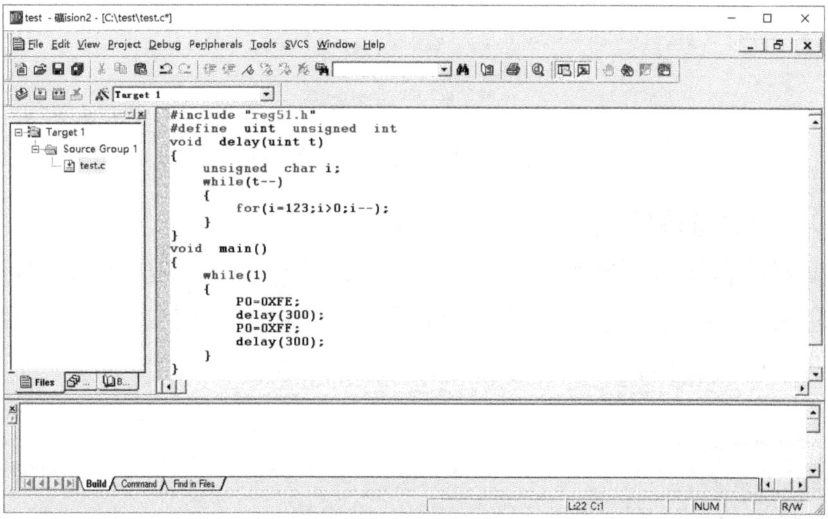

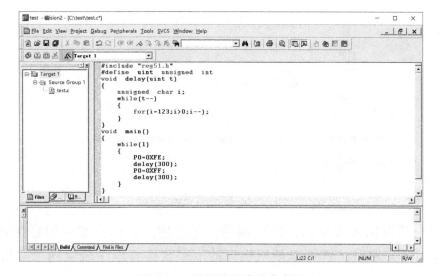

图 1-20 程序示例

图 1-21 项目设置选项卡位置

点击"Output"选项，在"Create HEX File"前打勾。然后按"确定"退出选项卡（图1-22）。

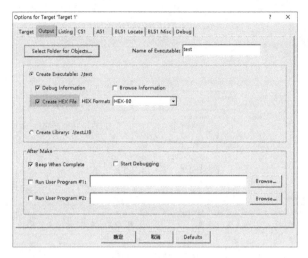

图1-22　输出选项卡

步骤9：构建与调试程序

刚刚编好的程序有可能伴随着语法或逻辑错误，需要多次点击"Build Target"进行编译和改错的过程。如果有错，错误会显示在下方窗口中，双击报错信息，程序界面出错位置会出现一个箭头提示，见图1-23。

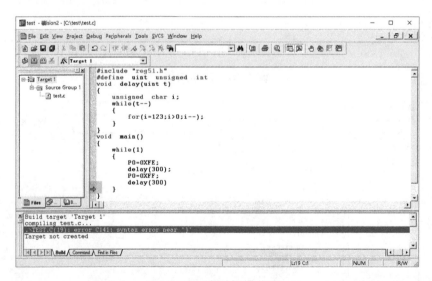

图1-23　编译报错信息

当所有错误均被改正后，再次编译，下方构建窗口会显示已经生成Hex文件。生成Hex文件后，就可以使用相应的下载软件将程序烧录到单片机之中了（图1-24）。

```
Build target 'Target 1'
compiling test.c...
linking...
creating hex file from "test"...
"test" - 0 Error(s), 0 Warning(s).
```

图 1-24　生成 Hex 文件信息

任务评价

使用考核评价表（表 1-5）进行任务评价。

表 1-5　考核评价表

考核内容	C语言编程环境软件（KEIL2）的正确使用				编译、调试				职业操守				其他
评价	运行软件、新建工程项目、工程的设置、建立程序源文件、将程序文件添加至工程项目				使用C语言编程环境软件（KEIL2）练习程序编写、编译、运行调试				安全、协助、文明操作				
	优	良	中	差	优	良	中	差	优	良	中	差	
综合评分													
收获体会													

注：在"优、良、中、差"下面的框中用"√"选择评价等级

作业

一、填空题

1. 目前单片机应用的编程语言主要有_____、_____、_____、_____。
2. C语言的特点主要有_____、_____、_____、_____、_____等。

二、思考题

1. 编写程序的时候，C语言的格式特点是什么？
2. C语言的9种控制语句是什么？

项目一　单片机基础入门

KEIL C51 C语言基本知识 1

一、程序

程序——根据控制或信息处理任务给计算机下达的一条条指令的集合。如同人给计算机下的一个任务书（图1-25）。

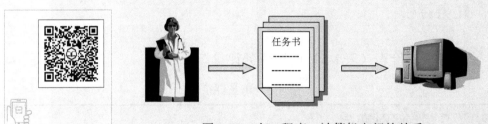

图1-25　人、程序、计算机之间的关系

二、计算机语言

一个能完整、准确和规则地表达人们的意图，并用以指挥或控制计算机工作的"符号系统"，是编写程序的具体元素与规则。

三、计算机语言分类

计算机语言一般分为机器语言、汇编语言和高级语言。近年来，随着控制领域中编程技术的发展与进步，又出现了一种编程效率高，而且又形象直观的语言，就是图形化语言。

它们各自的特点是：

机器语言——用二进制编码的计算机语言；

汇编语言——用英文词汇或缩写表示的计算机语言；

高级语言——类似于人类语言的计算机语言；

图形化语言——用图形表示的计算机语言。

四、几种计算机语言特点比较（表1-6）

表1-6　计算机语言特点比较

语言种类	特点					
	编程效率	占内存空间	人类读写	机器识别	硬件透明度	控制精度
机器语言	—	小	—	能	透明	—
汇编语言	低	小	不便	不能	透明	高
高级语言	高	大	容易	不能	不透明	低
图形化语言	高	大	方便	不能	不透明	低

五、C语言特点

语言简洁、紧凑、灵活；运算符和数据类型丰富；程序设计结构化、模块化；生成目标代码质量高；可移植性好。

1. 32个关键字（由系统定义，不能重做其他定义）

auto	break	case	char	const
continue	default	do	double	else
enum	extern	float	for	goto
if	int	long	register	return
short	signed	sizeof	static	struct
switch	typedef	unsigned	union	void
volatile	while			

2. 9种控制语句

if（）～else～

for（）～

while（）～

do～while（）

continue

break

switch

goto

return

3. 34种运算符

算术运算符：+ - * / % ++ --

关系运算符：< <= == > >= !=

逻辑运算符：! && ||

位运算符：<< >> ～ | ^ &

赋值运算符：= 及其扩展

条件运算符：?:

逗号运算符：,

指针运算符：* &

求字节数：sizeof

强制类型转换：（类型）

分量运算符：. ->

下标运算符：[]

六、C语言程序格式和结构特点

例1-1

```
/*      example1.1    calculate the sum of a and b*/
#include <stdio.h>      //预处理命令
/*  This is the main program   */
main()
{   int a,b,sum;
    a=10;
    b=24;
    sum=add(a,b);
    printf("sum= %d\n",sum);
}
/* This function calculates the sum of x and y   */
int add(int x,int y)
{   int z;
    z=x+y;
    return(z);
}
```

1. 格式特点

习惯用小写字母，大小写敏感；

不使用行号，无程序行概念；

可使用空行和空格；

常用锯齿形书写格式。

2. 结构特点

函数与主函数；

程序由一个或多个函数组成；

必须有且只能有一个主函数main()；

程序执行从main开始，在main中结束，其他函数通过嵌套调用得以执行；

C语言程序由语句组成，程序语句用";"作为语句终止符。

注释：/*   */为注释，不能嵌套；不产生编译代码；每个//之后的都为注释部分。

任务三　熟悉YL-236单片机实训装置

任务目标

1. 了解实训台实物功能及其组成。
2. 熟悉各模块外观、功能和有关接线端子。
3. 能对各模块进行识别，掌握各自作用，会进行简单接线。
4. 在学习全过程中具有科学的思维方法、创新精神、实践能力和继续学习新技术的能力。

任务内容

YL-236型单片机的实训设备是浙江亚龙教育装备股份有限公司生产的单片机实训考核台，该实训台是按照职业岗位的工作内容研发的实训设备，能够完成I/O传输、A/D转换、D/A转换、LED/LCD点阵模块和电机控制等涉及单片机应用技术的主要实训项目。亚龙YL-236型单片机功能控制实训考核台是根据中等职业学校"单片机及其应用"的教学内容和要求，按照职业岗位的工作内容研发的实训考核设备，适合中职学校资源与环境、能源、土木工程、交通运输、制造、信息技术等相关专业的单片机课程的教学。本书涉及的绝大多数实训都在此装置上完成。如果没有这种装置，可以用仿真软件或自制电路板，还可以用其他实验箱来实验。

知识准备

亚龙YL-236型单片机功能控制实训考核台如图1-26所示。

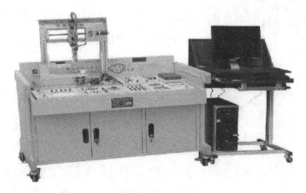

图1-26　亚龙YL-236型单片机功能控制实训考核台

一、实训平台介绍

　　YL-236型单片机实训台（以下简称为"实训台"）共有12个不同的模块电路，可组合连接成从简单到复杂的单片机控制电路，模块之间连接灵活。本任务分别介绍实训台的各模块电路及功能。

　　亚龙YL-236型单片机功能控制实训考核台采用烤漆钢板制作的台式结构。实训台的抽屉柜用于存放实训模块，抽屉柜与台面之间布置实训模块安装支架，最上一层是工作台台面，用于放置设备安装底板，在底板上安装单片机控制装置需要的模块，连接控制电路，将编写的控制程序输入单片机后，按下运行指令开关，单片机控制装置就按程序运行。实际操作时，将台面打开，就露出放置在安装支架上的模块，在需要的实训模块间按实训要求连接电路，进行编写控制程序和调试等工作。

二、各模块介绍

1. 主机模块MCU01（图1-27）

　　主机模块是实训台的核心，采用ATMEL公司的DIP40封装AT89S52。单片机最小系统已集成到模块当中。

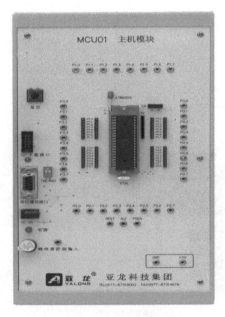

　　单片机最小系统包括：手动复位电路；ISP下载接口；RS232接口；5V电源接口；电源指示灯；有源蜂鸣器；串行通信开关；EA选择开关；电子连线插座；电子排线插针；5V电源电子连线插座；11.0592MHz晶振。

　　其中，下载器采用SL-USBISP，支持多种芯片下载，可以从USB获取电源，带过流保护功能；支持USB口通信；支持3.3V和5V电源系统（图1-28）。

2. 电源模块MCU02（图1-29）

　　该电源模块装有漏电电源开关、直流稳压电源开关、电源指示灯、保险管熔断器（可提供）及各种插座等。本模块带有220V交流电输入单相插头、3个电源输出三眼插座和2个

图1-27　主机模块

输出电源插孔。直流电源输出：+5V、−5V、+12V、−12V、+24V。

图 1-28　下载器及接口引脚图

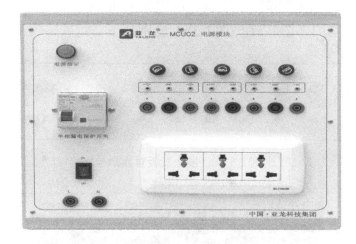

图 1-29　MCU 电源模块实物

3. 仿真器模块MCU03（图1-30）

ME-52HU仿真器具有以下性能特点：

（1）支持语言：汇编语言、KEIL C51、IAR C51。

（2）支持仿真芯片：philips 8xc51x2 ～ 8xc58x2, 89c60/61,89c51rx2,89c66x 及 at89，winbond w78 系列 MCU。

图 1-30　ME-52HU 仿真器实物

(3)断点功能:任意地址断点、源程序行断点、单步和运行到光标断点和分组断点。所有断点都有独立的64KB断点空间,方便用户高效灵活调试程序。

(4)全速运行状态下,响应应用系统有复位功能以及复位后再运行功能。

(5)MedwinV3集成开发环境支持。

(6)IAR EW8051集成开发环境支持,免费4k版IAR C编译器。

4.显示模块MCU04

该模块内有5个分显示子模块,分别是LED发光二极管显示模块、LED数码管显示模块、32×16点阵显示模块、LCD1602液晶显示模块和LCD128×64液晶显示模块,实物图(图1-31～图1-35)分别如下。

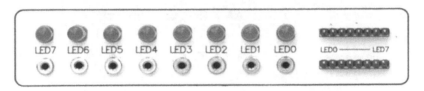

图 1-31　LED 发光二极管显示模块

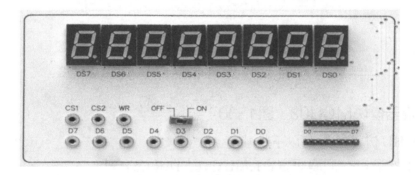

图 1-32　LED 数码管显示模块

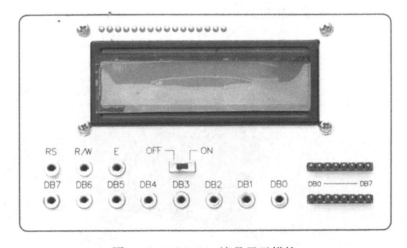

图 1-33　LCD1602 液晶显示模块

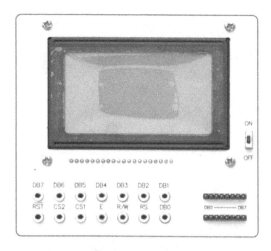

图 1-34　LCD128×64 液晶显示模块

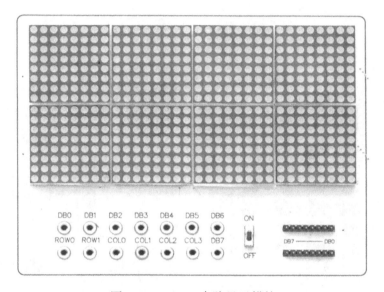

图 1-35　32×16 点阵显示模块

5. 继电器模块 MCU05

该模块有 6 路独立继电器控制,采用全光电隔离设计,有两路 220V 安全插座输出;能使用低电平有效控制,且有继电器状态指示功能。实物如图 1-36 所示。

6. 指令模块 MCU06(图 1-37)

该模块有 8 路独立按钮子开关、8 路独立按钮开关、4×4 矩阵键盘和一个 PS2 电脑键盘接口。

7. A/D、D/A 模块 MCU07(图 1-38)

本模块有 8 选 1 方波发生器、一路 8 等级电平 LED 指示灯、一路电压源、一片 ADC0809 模数转换芯片(256 级)和一片 DAC0832 数模转换芯片(256 级)。

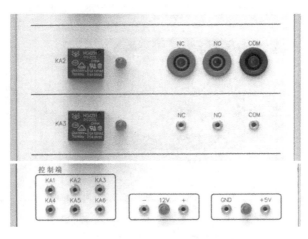

图 1-36 继电器模块

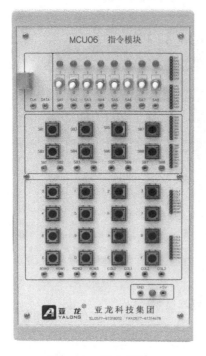

图 1-37 指令模块

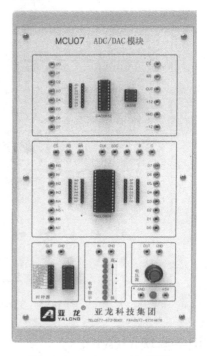

图 1-38 A/D、D/A 模块

8.交/直流电机模块MCU08

本模块有一台220V同步交流减速电机和一台24V直流减速电机，具有保护继电器（控制与执行机构隔离）和计数脉冲输出，可以与步进模块组合实验来完成各种控制实训项目，见图1-39。

9.步进电机控制模块MCU09

该模块由步进电机、步进电机驱动器、皮带及皮带轮、标尺等组成，主要用于步进电机的各种控制实训项目，见图1-40。

图 1-39 交/直流电机模块

图 1-40 步进电机控制模块

10. 传感器配接模块 MCU10

传感器配接模块 MCU10 中设有16组光耦合器和4组传感器接口，以满足学习单片机自动控制系统的应用技术。传感器配接模块前面板如图1-41所示。

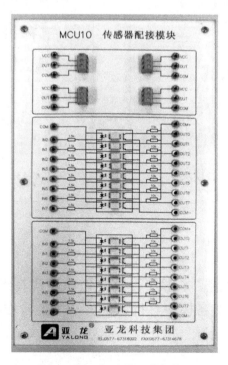

图 1-41 传感器配接模块

11. 扩展模块MCU12

扩展模块MCU12是利用了8255扩展芯片对单片机进行I/O接口的扩展，同时模块中增加了74LS245电路使单片机能够更好地控制各个器件。扩展模块前面板如图1-42所示。

12. 温度传感器模块MCU13

温度传感器模块MCU13中包含常用的两种采集温度传感器，分别是模拟量采集温度传感器LM35和数字量采集温度传感器DS1820。两个传感器外增加了加热电阻和温度隔离罩，从而模拟现实应用中的加热器和环境温度。该模块前面板如图1-43所示。

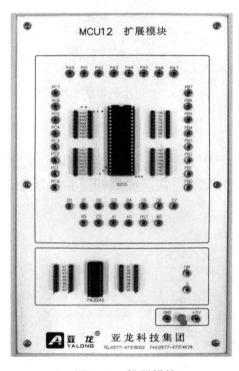

图1-42　扩展模块

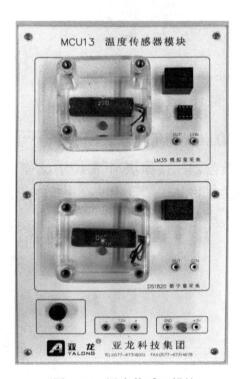

图1-43　温度传感器模块

任务实施

通过以上的知识学习，了解实训台实物功能及其组成；熟悉各模块外观、功能和有关接线端子；对各模块进行识别，掌握各自作用，在此基础上完成学习任务单（表1-7）。

表 1-7 学习任务单

序号	问题内容	描述与解答
1	单片机应用实训装置模块配置多少个?	
2	单片机应用实训装置电源模块能提供几种电源?	
3	单片机应用实训装置显示模块有几种?	
4	交/直流电机模块由哪些部分组成?	
5	温度传感器模块功能是什么?	

讨论

1. 分组讨论如果打算做一个电子计时器,需要哪几个单片机应用实训模块来实现。

2. A/D、D/A 模块用在哪些场合?

作业

1. 单片机应用实训装置模块配置都有哪些?

2. 对主机模块而言哪些模块是输入模块,哪些是输出模块?

3. 如果打算做一个流水灯,需要哪几个单片机应用实训模块来实现?

项目一 单片机基础入门

任务四　Proteus软件的使用

任务目标

1. 能够启动编程Proteus软件，进入Proteus ISIS集成环境。
2. 能够正确认识Proteus ISIS的工作界面。
3. 能够使用Proteus ISIS完成电路的绘制。
4. 熟悉Proteus ISIS基本操作。
5. 通过实训环节中动手实践能力的训练，激发自身的改革创新动力，做改革创新的主力军。

任务内容

Proteus是著名的EDA工具（仿真软件），从原理图绘制、代码调试到单片机与外围电路协同仿真，一键切换到PCB（印制电路板）设计，真正实现了从概念到产品的完整设计。它是目前比较好的仿真单片机及外围器件的工具，受到单片机爱好者、从事单片机教学的教师以及致力于单片机开发应用的科技工作者的青睐。在单片机学习中，针对硬件不足或者设备电路固定等缺憾，学习本软件可以方便自行设计电路、编写程序和观察控制现象。

任务分析

本任务是学习仿真软件（Proteus）的正确使用，Proteus建立了完备的电子设计开发环境。此软件可以仿真51系列、AVR、PIC、ARM等常用主流单片机，还可以直接在基于原理图的虚拟原型上编程，再配合显示及输出，能看到运行后输入输出的效果。

任务实施

一、Proteus软件启动，认识工作界面

双击计算机桌面上的Proteus 8 Professional图标，打开某个工程后会出现窗口界面，见图1-44。

Proteus的工作界面是一种标准的Windows界面，包括：标题栏、主菜单、

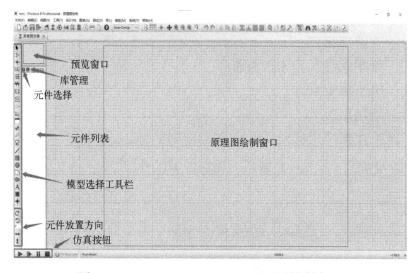

图 1-44　Proteus 8 Professional 原理图绘制窗口

标准工具栏、绘图工具栏、状态栏、对象选择按钮、预览对象方位控制按钮、仿真进程控制按钮、预览窗口、对象选择器窗口和原理图绘制窗口。

1. 原理图绘制窗口（the editing window）

顾名思义，它是用来绘制原理图的。蓝色方框内为可编辑区，元件要放到它里面。注意，这个窗口是没有滚动条的，你可用预览窗口来改变原理图的可视范围。

2. 预览窗口（the overview window）

它可显示两个内容：一个是，当你在元件列表中选择一个元件时，它会显示该元件的预览图；另一个是，当你的鼠标焦点落在原理图编辑窗口时（即放置元件到原理图编辑窗口后或在原理图编辑窗口中点击鼠标后），它会显示整张原理图的缩略图，并会显示一个绿色的方框，绿色方框里面的内容就是当前原理图窗口中显示的内容，因此，你可用鼠标在它上面点击来改变绿色方框的位置，从而改变原理图的可视范围。

3. 模型选择工具栏（mode selector toolbar）

（1）主要模式（main modes）：主要模式共 7 个子模式，图标如图 1-45 所示，从左往右功能如下。

图 1-45　主要模式图标

① 选择模式：点击绘图区域元件后可以即时修改元件参数。

② 元件模式：用于选择元件（默认状态）。
③ 节点模式：用于放置连接点。
④ 连线标号模式：绘制总线时用于放置标签。
⑤ 文字脚本模式：用于放置文本。
⑥ 总线模式：用于绘制总线。
⑦ 子电路模式：用于放置子电路。

（2）工具模式（gadgets）：共7个子模式，图标如图1-46所示，从左往右功能如下。

图 1-46　工具模式图标

① 终端模式：可在元件列表中选择VCC、地、输出、输入等接口。
② 器件引脚模式：用于绘制各种引脚。
③ 图表模式：用于各种分析，如Noise Analysis。
④ 调试弹出模式：绘制弹出窗口。
⑤ 激励源模式：可在元件列表中选择需要产生的信号。
⑥ 探针模式：在仿真图中加入电流或电压探针（需注意方向）。
⑦ 虚拟仪表模式：加入示波器等仪表。

（3）2D图形模式（2D graphics）：共8个子模式，图标如图1-47所示，从左往右功能如下。

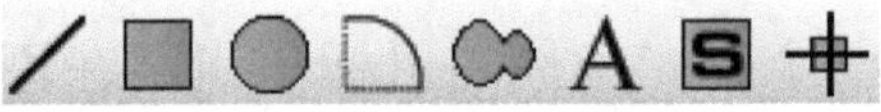

图 1-47　2D 图形模式图标

① 画各种直线。
② 画各种方框。
③ 画各种圆。
④ 画各种圆弧。
⑤ 画各种多边形。
⑥ 画各种文本。
⑦ 画符号。
⑧ 画原点等。

4.元件列表（the object selector）

用于挑选元件（components）、终端接口（terminals）、信号发生器（generators）、

仿真图表（graphs）等。例如，当选择"元件（components）"，单击"P"按钮会打开挑选元件对话框，选择了一个元件后（单击了"OK"后），该元件会在元件列表中显示，以后要用到该元件时，只需在元件列表中选择即可。

5.方向工具栏（orientation toolbar）

旋转：旋转角度只能是90°的整数倍。
翻转：完成水平翻转和垂直翻转。
使用方法：先右键单击元件，再点击（左击）相应的旋转图标。

6.仿真工具栏

仿真控制按钮：。从左往右，各图标含义如下。
① 运行；②单步运行；③暂停；④停止。

二、操作演练

绘制原理图：绘制原理图要在原理图绘制窗口中的蓝色方框内完成。原理图绘制窗口的操作是不同于常用的 Windows 应用程序的。正确的操作是：用左键放置元件；右键选择元件；双击右键删除元件；右键拖选多个元件；先右键后左键编辑元件属性；先右键后左键拖动元件；连线用左键，删除用右键；改连接线时，先右击连线，再左键拖动；滚轮（中键）放缩原理图。

以AT89C51单片机的仿真为例，运行 Proteus 8 Professional，如图1-48所示。

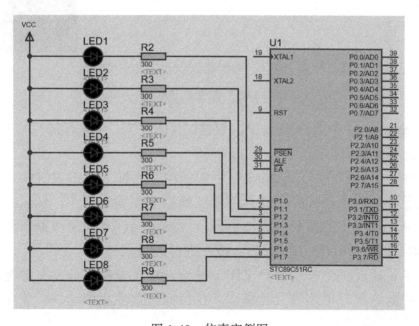

图1-48　仿真实例图

添加元件到元件列表中：本例要用到的元件有：AT89C51、电阻（RES）、发光二极管（LED-RED）、电源（VCC）。

1.将所需元器件加入对象选择器窗口

在元件模式下点击"P"图标进入"Pick Devices"页面，如图1-49所示。

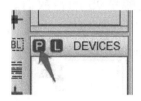

图1-49　对象选择器按钮

在Microprocessor ICs库中查找或在"Keywords"栏中输入AT89C51，系统在对象库中进行搜索查找，并将搜索结果显示在"results"中，如图1-50所示。

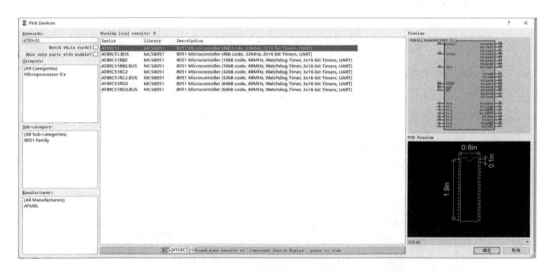

图1-50　查找AT89C51

在"results"栏中的列表项中，双击"AT89C51"，则可将"AT89C51"添加至对象选择器窗口。

方法同上，接着在"Keywords"栏中依次重新输入LED-RED、RES，将它们添加到元件列表中，并将上述元件添加到原理图编辑区中。然后，左键选择模型，选择工具栏中的图标，添加电源及地端子，注意电阻要编辑阻值、电源选POWER、地选GROUND。最后，按图进行连线。

操作中可能要整体移动部分电路，操作方法：先用左键或右键拖选，用左键拖动选中的这部分电路随鼠标移动，在目标位置停止拖动并释放左键，这部分电路将被放到该处。

2. 添加仿真文件

先右键 AT89C51 再左键，在出现的对话框的 Program File 中单击，出现文件浏览对话框，找到编译后的十六进制文件，如 P1.hex 文件，单击"确定"，完成添加文件，在 Clock Frequency 中把频率改为 11.0592MHz，单击"OK"退出。

3. 仿真

单击"开始仿真"。

说明：红色代表高电平，蓝色代表低电平，灰色代表不确定电平（floating）。运行时，在 Debug 菜单中可以查看单片机的相关资源。

 任务评价

使用考核评价表（表1-8）进行任务评价。

表 1-8 考核评价表

考核内容	仿真软件（Proteus）的正确使用				基本演练				职业操守				其他
评价	Proteus ISIS 基本操作				使用 Proteus ISIS 完成单片机控制 8 只 LED 灯点亮电路的绘制				安全、协助、文明操作				
	优	良	中	差	优	良	中	差	优	良	中	差	
综合评分													
收获体会													

注：在"优、良、中、差"下面的框中用"√"选择评价等级

作业

1. Proteus 的功能及特点是什么？
2. 基本操作演练：使用 Proteus 仿真 P1 口所接的发光二极管循环点亮。

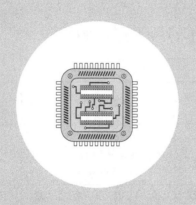

项目二
跑马灯控制

项目概述

每当夜幕降临,大街上各式各样的广告牌、霓虹灯以及装饰彩灯使用的发光二极管构成的美丽图案,令人赏心悦目,为夜幕中的城市增添了不少亮丽色彩。本项目就是利用单片机对发光二极管进行亮灭控制,实现各种美丽的广告灯光效果。本项目通过完成单只LED灯点亮控制、单只LED灯闪烁控制、8只LED灯闪烁控制、8只LED灯流水控制4个任务来介绍单片机控制硬件电路的设计、接线,使用C语言基本指令for、while编写程序的基本方法,仿真软件的使用。

本项目结合亚龙YL-236型单片机实训考核装置的相关模块及元件制作单片机的LED灯闪烁控制电路。

项目目标

1. 掌握主机模块、显示模块及仿真器的功能。
2. 熟悉有关C语言编程指令的功能。
3. 熟悉C语言编写程序的框架和控制原理。
4. 能够编写简单的程序,能够分析简单程序的逻辑关系。
5. 能利用实训装置各模块进行硬件的导线连接。
6. 能熟练运用左移、右移等基本指令,运用字节编写程序。
7. 通过实训环节中动手实践能力的训练,培养认真细致、实事求是、积极探索的科学态度和工作作风,理论联系实际、自主学习和探索创新的良好习惯。

任务一　单只LED灯点亮控制

◁ 任务目标

1. 熟悉C语言编写程序的框架和控制原理。
2. 能利用实训装置电源模块、主机模块和显示模块进行硬件的导线连接。
3. 能编写点亮一只LED灯的简单程序，能够分析简单程序的逻辑关系。
4. 能使用Proteus仿真软件进行仿真。
5. 培养认真细致、实事求是、积极探索的科学态度和工作作风，理论联系实际、自主学习和探索创新的良好习惯。

◁ 任务内容

LED彩灯亮灭控制方式有多种，控制的器件或实现的方法有多种，单片机进行控制的彩灯电路具有电路简单、成本低、工作稳定可靠等一系列优点，而且很容易成功实现。使用AT89S52单片机芯片，设计点亮一只LED灯硬件电路，绘制流程图，使用C语言编写程序，并使用Proteus软件进行仿真（调试控制一只LED灯点亮，硬件电路连接及烧录芯片）。

◁ 任务分析

本任务是通过单片机端口的输出功能控制LED灯的亮和灭，实现点亮一只LED灯。硬件电路：选用亚龙YL-236型单片机实训考核装置显示模块中的1个发光二极管作为1只LED灯，将主机模块P1端口的1个I/O口与发光二极管连接。软件编程：使用C语言编写控制程序。使用Proteus软件进行仿真（调试控制一只LED灯点亮，硬件电路连接及烧录芯片）。

知识准备

一、计算机语言

1. 指令和程序

（1）指令　CPU根据人的意图来执行某种操作的命令。

（2）程序　按人的要求编写的指令操作序列称为程序。

2.编程语言

（1）机器语言　机器语言用二进制编码表示每条指令，是计算机能直接识别并执行的语言。

（2）汇编语言　指令采用有一定含义的符号，即指令助记符来表示，一般都采用某些有关的英文单词和缩写。

（3）C语言　C语言是国际上广泛流行的、很有发展前途的计算机高级语言。它适合作为系统描述语言，既可用来编写系统软件，也可用来编写应用软件。

二、单片机C语言程序流程

在利用C语言编写单片机程序时，通常采用图2-1所示的流程。

图2-1　单片机C语言编程流程

根据以上流程，给出单片机C语言程序基本框架：

```
#include <regx52.h>        //引用S52单片机头文件
void function( )           //用户函数，函数名可自定义
{
/*用户自定义函数*/
}
void main(void)   //主程序main函数
{
while(1) // while(1)主循环
{
    /*在此处编写控制程序*/
}
}
```

三、C51中常用的头文件

通常有reg51.h，reg52.h，math.h，ctype.h，stdio.h，stdlib.h，absacc.h，intrins.h。但常用的却只有reg51.h或reg52.h，math.h，absacc.h，intrins.h。

四、字节和位

1.字节

内存以字节为单元,每个字节有一个地址,一个字节一般由8个二进制位组成,每个二进制位的值是0或1。

| 0000 ~ 0 |
| 0001 ~ 1 |
| 0010 ~ 2 |
| 0011 ~ 3 |
| 0100 ~ 4 |
| 0101 ~ 5 |
| 0110 ~ 6 |
| 0111 ~ 7 |
| 1000 ~ 8 |
| 1001 ~ 9 |
| 1010 ~ A |
| 1011 ~ B |
| 1100 ~ C |
| 1101 ~ D |
| 1110 ~ E |
| 1111 ~ F |

2.二进制与十六进制之间的转换

二进制转换成十六进制:从右向左,每4位一组(不足4位左补0),转换成十六进制。十六进制转换成二进制:用4位二进制数代替每一位十六进制数。

例:$(11010101111101)_2 = (0011, 0101, 0111, 1101)_2 = (357D)_{16}$。

五、单片机最小系统

使用AT89S52单片机芯片(含8KB片内程序存储器),外加振荡电路、复位电路、控制电路、电源,就组成了一个单片机最小系统,如图2-2所示。

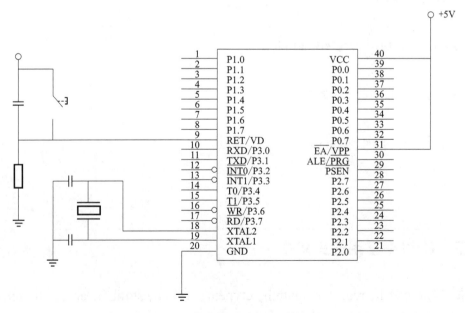

图2-2 单片机最小系统电路图

1. 主电源电路

VCC（40脚）：接5V电源的正极，又称电源引脚；

GND（20脚）：接5V电源的负极，又称接地引脚。

2. 时钟电路

负责为单片机系统提供固定频率的脉冲信号。

3. 复位电路

能使单片机系统可靠复位，以使系统回到初始状态。

4. 控制电路

完成系统要实现的功能。

六、LED灯闪烁控制方式

1. 开关控制

最基本的方式就是直接通过开关控制LED灯具的亮灭。

2. 调光控制

通常使用PWM（脉冲宽度调制）技术或者模拟调光器调节LED灯亮度或者色温。常见的调光方式有0～10V调光、数字控制（DMX）调光、DALI（数字可寻址照明接口）调光等。

3. 运动控制

通过人体感应、声控、光感等传感器来控制LED灯具的开关、亮度和颜色。

4. 智能控制

使用智能控制系统，比如通过单片机、语音控制、物联网等方式来控制LED灯具的开关、亮度和颜色，实现更加个性化和智能化的控制。

以上是LED灯具常见的控制方式，在具体应用时可以根据需求选择相应的控制方式，例如在公共区域中一般采用经济、实用的0～10V调光方式，而在娱乐场所等需要氛围的场合则可以采用更加个性化、智能化的控制方式。本任务结合亚龙YL-236型单片机实训考核装置的相关模块及元件制作单片机的LED灯点亮控制。

七、如何控制单片机I/O口输出

控制单片机I/O口输出,在C语言中很简单。只需要使用"="运算符就可以了。

"="运算符:这个运算符是赋值运算符,它的作用是把"="号右边的值赋给"="号左边的变量。

例如,如果想让单片机的P0.0引脚置低电平,只需要写程序P0.0=0就可以了。

注意:单片机的语法中,在所有的单片机独立语句中,都需要在末尾加上分号(;)表示语句结束。

任务实施

一、硬件电路设计

1.设计思路

对于电平驱动的LED灯,只要在其正、负两极间加上合适的工作电压(1.5～5V),LED灯即可点亮;将电压撤除,LED灯即灭。单片机的输出口连接一个发光二极管,并且与二极管串接一个电阻,防止电流过大而烧坏发光二极管或单片机。电阻的作用是限制回路电流。

2.电路设计

AT89S52芯片共有40个引脚,采用双列直插式封装形式单片机最小系统和控制电路组成的单片机控制1只LED灯点亮的电路图如图2-3所示。

3.单片机控制1只LED灯的电路接线

亚龙设备YL-236实训台装置选用MCU01主机模块、MCU04显示模块、MCU02电源模块,按图2-4和图2-5连接单片机控制1只LED灯点亮电路。

二、控制程序的编写

1.绘制程序流程图

单片机控制1只LED灯点亮流程图如图2-6所示。

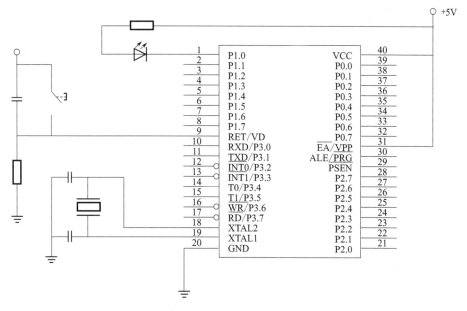

图 2-3　单片机控制 1 只 LED 灯的电路图

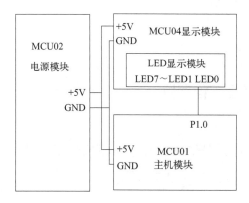

图 2-4　单片机控制 1 只 LED 灯的电路接线示意图

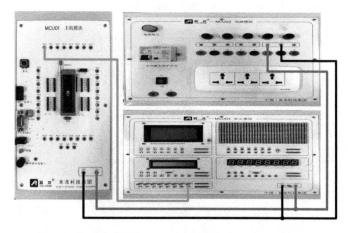

图 2-5　单片机控制 1 只 LED 灯的电路实际接线图

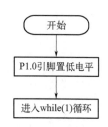

图 2-6　单片机控制 1 只
LED 灯点亮流程图

2. 编制C语言程序

参考程序清单：

```
#include "regx51.h"
sbit LED0=P1^0;
void main()
{
    LED0=0;
    while(1);
}
```

三、程序编译与调试

1. 运行KEIL软件
2. 新建KEIL工程项目
3. 工程的设置
4. 建立程序源文件
5. 将程序文件添加至工程项目
6. 编译、连接
7. 将编译后的程序利用Proteus进行软件仿真与调试，写入单片机芯片

（1）Proteus软件仿真，如图2-7所示。

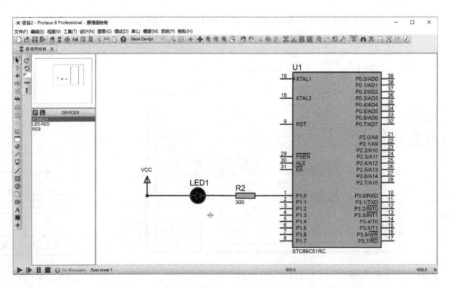

图2-7　单片机控制1只LED灯点亮仿真图

由于单片机最小系统中的时钟电路、复位电路和电源电路一般是固定的,所以在Proteus中可以不做体现,仿真过程中只需连接好用户电路。如需修改晶振频率,只需要双击仿真电路图中的单片机即可修改,见图2-8。

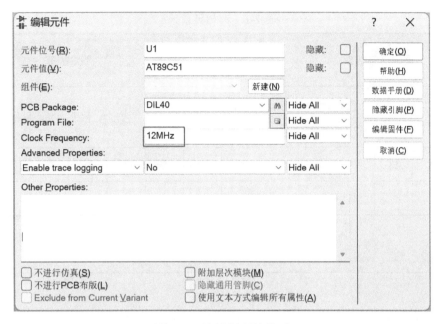

图 2-8　晶振频率的修改

(2)实际电路中程序的运行结果显示(图2-9)。

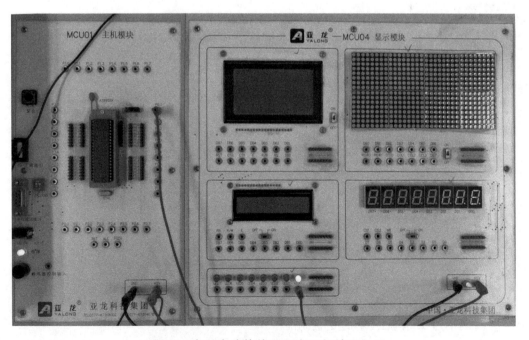

图 2-9　实际电路接线及程序运行结果显示

任务评价

使用考核评价表（表2-1）进行任务评价。

表 2-1 考核评价表

考核内容	硬件及仿真部分				软件部分				职业操守				其他
评价	单片机控制1只LED灯的点亮模块选择、接线工艺				单片机控制1只LED灯的点亮程序编写、运行调试				安全、协助、文明操作				
	优	良	中	差	优	良	中	差	优	良	中	差	
综合评分													
收获体会													

注：在"优、良、中、差"下面的框中用"√"选择评价等级

动脑筋

应用AT89S52芯片，控制2只LED灯点亮。单片机控制电路与编程如何实现？

作业

一、简答题

1.什么是单片机最小系统？单片机最小系统包括几个基本电路，各自的功能是什么？

2.若将电路中的发光二极管换成蜂鸣器，电路应如何设计？试绘制电路图。

二、思考题

1.应用AT89S52芯片，控制3只LED灯点亮。设计单片机控制电路并编程实现此操作。

2.应用AT89S52芯片，控制8只LED灯，隔一个点亮，4亮4灭。设计单片机控制电路并编程实现此操作。

3.使用字节编写上述两题的控制程序。

发光二极管电气特性及控制电路

一、发光二极管概念

发光二极管简称为LED（图2-10）。由镓（Ga）与砷（As）、磷（P）的化合物制成的二极管，当电子与空穴复合时能辐射出可见光，因而可以用来制成发光二极管，在电路及仪器中作为指示灯，或者组成文字或数字显示。磷砷化镓二极管发红光，磷化镓二极管发绿光，碳化硅二极管发黄光等。

图2-10 发光二极管实物及符号

二、发光二极管电气特性

1. 单向导电性

当发光二极管加正向电压（正向偏压）时，二极管中有电流通过，称导通（通电）；反之截止。发光二极管的两根引线中较长的一根为正极，应接电源正极。有的发光二极管的两根引线一样长，但管壳上有一凸起的小舌，靠近小舌的引线是正极。

2. 发光特点

与白炽灯泡和氖灯相比，发光二极管的特点是：工作电压很低（有的仅一点几伏）；工作电流很小（有的仅零点几毫安即可发光）；抗冲击和抗震性能好，可靠性高，寿命长；通过调制通过的电流强弱，可以方便地调制发光的强弱。由于有这些特点，发光二极管在一些光电控制设备中用作光源，在许多电子设备中用作信号显示器。把它的管心做成条状，用7条条状的发光管组成7段式半导体数码管，每个数码管可显示0～9十个数字。

三、控制原理

当控制端"Control"输出"0"（低电压0V）时，发光二极管两端加正电压，所以发光二极管导通，二极管中有电流，二极管发光。当"Control"输出"1"（高电压+5V）时，发光二极管两端加反向电压，发光二极管截止。

走近大工匠

地铁机电设备的"手术师"

北京市轨道交通集团机电分公司技术员（二级维修员）陈金龙，在2016年度"北京市第四次职业技能竞赛"中荣获第八名，在2020年度北京"大匠人"竞赛中荣获"维修工"组一等奖，被评为"北京市安全工作先进工作者"。

为了方便对集成电路板的维护，降低设备的维护费用，陈金龙通过大量的数据统计，反复地测量和计算，设计和制造出了一个±30V、3A可调+5V、10A的大功率稳压器，节省了购买试验仪器的费用，降低了维护仪器的费用，提高了维护仪器的效率。

地铁设施中的BAS触摸屏能够被遥控打开，对通风设备进行关闭和监视。但是，因为种种原因，触摸屏设备大批量损坏，无法开机和点亮，导致了监控功能的缺失，给地铁的安全运行带来了威胁。由于缺乏相关的技术数据和原理图，陈金龙进行了大量的调查，并从电路板上逆向绘制出了一张张电路草图。"如果哪块零件坏了，我有办法重新做一块，把它修好。"陈金龙自信地说道。

思考：陈金龙的故事给了我们怎样的启示？你认为什么是工匠精神？

任务二　单只LED灯闪烁控制

任务目标

1. 掌握C语言编程指令for和while的功能。
2. 能够编写单只LED灯闪烁控制的程序，能够分析简单程序的逻辑关系。
3. 能对单片机控制的外部电路正确接线。
4. 掌握C51编写软件延时的方法。
5. 培养认真细致、实事求是、积极探索的科学态度和探索创新的良好习惯。

任务内容

LED彩灯闪亮可以装饰环境，为人们提供美丽的景色，也可以渲染氛围，带动整个活动的气氛。有的彩灯闪烁是因为它的电路串接了一只启辉器，它会使电路不断地进行通电断电，使彩灯一会儿灭一会儿亮；而单片机控制的彩灯闪烁电路具有电路简单、成本低、工作稳定可靠等一系列优点，是通过软件编写不同程序使彩灯闪烁出现不同的效果的，灵活多变。本任务要求应用AT89S52芯片，控制单只LED灯闪烁，设计单片机控制电路并编程实现此操作。

任务分析

本任务是使用单片机控制单只LED灯闪烁，P1.0引脚的电位变化可以通过指令来控制。为了清楚地分辨发光二极管的点亮和熄灭，在P1口输出信号由一种状态向另一种状态变化时，编写延时语句实现一定的时间间隔。所谓的"闪亮"，就是点亮发光二极管后，过一段时间关闭，再过一段时间点亮，重复。使用C语言for指令循环实现控制程序编写。使用Proteus软件进行仿真调试，控制一只LED灯闪亮，实现硬件电路连接及烧录芯片。

　知识准备　C语句概述

一、语句基本概念

C语句以"；"作分隔符，编译后产生机器指令，C语句分类表达式语句由表达式加分号构成。

如　　total=total+limit;
　　　　a=3;
　　　　func();
　　　　printf("Hello,world!\n");

复合语句：用 {...} 括起来的一组语句。

一般形式：　{　　　[数据说明部分；]
　　　　　　　　　　执行语句部分；
　　　　　　　　}

说明：　"}"后不加分号，语法上和单一语句相同，复合语句可嵌套。

二、while 语句

1.一般形式

循环体语句 while（表达式），见图 2-11。

2.特点

先判断表达式，后执行循环体。

说明：循环体有可能一次也不执行，循环体可为任意类型语句。

下列情况，退出 while 循环：

（1）条件表达式不成立（为零），循环体内遇 break、return、goto；

（2）无限循环：while(1)。

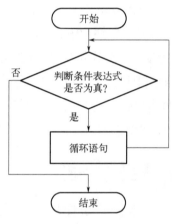

图 2-11　while 语句结构图

三、for 语句

1.一般形式

for（循环变量赋初值；循环条件；循环变量增值），见图 2-12。

2.for 语句格式

for（表达式1；表达式2；表达式3）{语句；}　　// 循环体

for 语句是编程语言中一种常用的循环语句，其基本结构包括三个部分：初始化表达式（表达式1）、条件表达式（表达式2）和更新表达式（表达式3）。这三个部分用分号隔开，形成一个完整的for循环结构。

初始化表达式（表达式1）：通常用于给循环变量赋初值，可以是赋值表达式或其他类型的表达式。这个表达式在循环开始前执行一次。

条件表达式（表达式2）：用于设定循环继续的条件，通常是关系表达式或逻辑表达式。每次循环结束时，都会计算这个表达式的值，如果结果为真（非0），则继续执行循环体；否则，跳出循环。

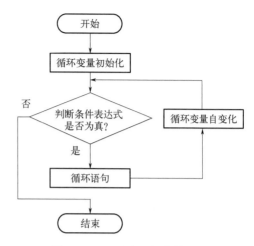

图 2-12 for循环程序流程图

更新表达式（表达式3）：用于修改循环变量的值，通常是一个赋值语句。这个表达式在每次循环结束后执行，用于准备下一次循环。

例如：

```
1    for(表达式1；表达式2；表达式3) {
2        // 循环体
3    }
```

for语句的执行过程如下：

① 首先计算初始化表达式的值。

② 然后计算条件表达式的值，如果结果为真（非0），则执行循环体。

③ 执行完循环体后，计算更新表达式的值，然后回到步骤②继续循环，直到条件不再满足时停止循环。

这种结构使得for语句非常灵活，可以用于各种需要重复执行某段代码的场景，无论是确定次数的循环还是不确定次数的循环都可以通过调整初始化表达式、条件表达式和更新表达式来实现。

四、循环的嵌套

在一个循环的循环体中允许又包含一个完整的循环结构，这种结构称为循环的嵌套。外面的循环称为外循环，里面的循环称为内循环，如果在内循环的循环体内又包含循环结构，就构成了多重循环。在C51中，允许三种循环结构相互嵌套。

例：用嵌套结构构造一个延时程序。

```
void delay(int t)
{
int i,j;
for(i=0;i<t;j++)
    for(j=0;j<123;j++);
}
```

 任务实施

一、硬件电路设计

1. 设计思路

使用 AT89S52 单片机芯片及基本外围电路组成的单片机最小系统,利用输入/输出 P1.0 引脚变化,在 P1.0 引脚输出信号由一种状态向另一种状态变化时,编写带有延时语句的程序实现一定的时间间隔。

发光二极管具有普通二极管的共性——单向导电性,正向导通发光,反向截止熄灭。

利用 AT89S52 单片机 P1 口的 P1.0 引脚控制 1 只发光二极管,形成闪烁的效果。

2. 电路原理图(图 2-13)

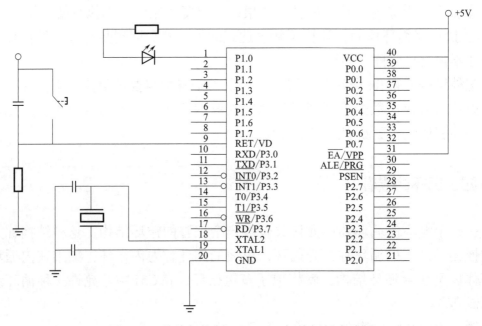

图 2-13　单片机控制 1 只 LED 灯的闪烁电路图

3.单片机控制1只LED灯闪烁的电路接线

亚龙设备YL-236实训台装置选用MCU01主机模块、MCU04显示模块、MCU02电源模块,按图2-14和图2-15连接单片机控制1只LED灯闪烁电路。

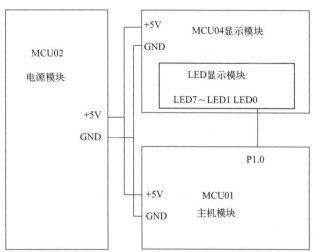

图2-14 单片机控制1只LED灯的闪烁电路接线示意图

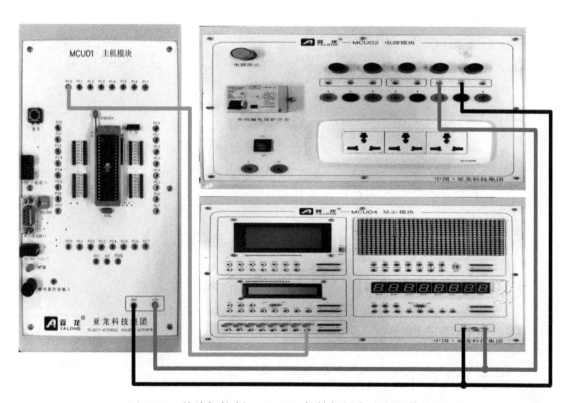

图2-15 单片机控制1只LED灯的闪烁电路实际接线图

二、控制程序的编写

1. 绘制程序流程图（图2-16）

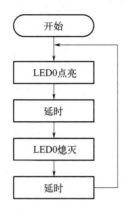

图2-16 单片机控制1只LED灯的闪烁流程图

2. 编制C语言程序

参考程序清单：

```c
#include "reg51.h"
unsigned int i;
sbit LED0=P1^0;
void main()
{
while(1)
{
  LED0=0;
      for(i=0;i<40000;i++);
  LED0=1;
      for(i=0;i<20000;i++);
   }
}
```

三、程序编译与调试

1. 运行KEIL软件
2. 新建KEIL工程项目

3. 工程的设置

4. 建立程序源文件

5. 将程序文件添加至工程项目

6. 编译、连接

7. 将编译后的程序利用Proteus进行软件仿真与调试，写入单片机芯片

（1）Proteus软件仿真（图2-17）

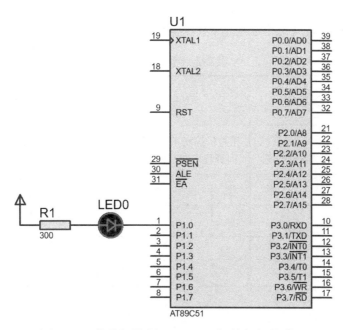

图 2-17　单片机控制 1 只 LED 灯的闪烁仿真图

（2）实际电路中程序的运行（图2-18）

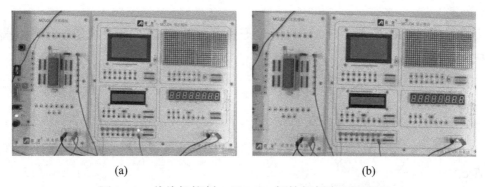

(a)　　　　　　　　　　　　　　(b)

图 2-18　单片机控制 1 只 LED 灯的闪烁实际运行图

单片机上电或执行复位操作后，程序从主函数开始执行。进入主函数后，先定义一个16位无符号整型变量i。

进入while循环后，执行第一条指令"P1.0=0"，L0导通并点亮；执行第二条指令"for(i=0;i<40000;i++);"，延时一段时间；执行第三条指令"P1.0=1"，L0截止并熄灭，发光二极管L0亮灭一遍。

由于while指令括号中的表达式是1，则重新循环这些指令。由此，程序不断循环，1个发光二极管就不断亮灭循环了。

任务评价

使用考核评价表（表2-2）进行任务评价。

表2-2 考核评价表

考核内容	硬件及仿真部分				软件部分				职业操守				其他
评价	单片机控制1只LED灯的闪烁模块选择、接线工艺				单片机控制1只LED灯的闪烁程序编写、运行调试				安全、协助、文明操作				
	优	良	中	差	优	良	中	差	优	良	中	差	
综合评分													
收获体会													
注：在"优、良、中、差"下面的框中用"√"选择评价等级													

动脑筋

应用AT89S52芯片，控制2只LED灯亮灭，无限循环。单片机控制电路和编程如何实现？

作业

1.应用AT89S52芯片，控制2只LED灯亮灭一次。设计单片机控制电路并编程实现此操作。

2.使用字节编写控制2只LED灯亮灭无数次。设计单片机控制电路并编程实现此操作。

KEIL C51 C语言基本知识2

一、数据类型（图2-19）

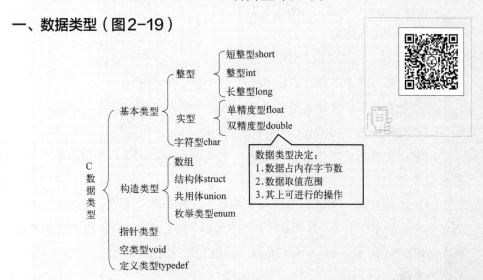

图 2-19　数据类型

二、基本数据类型（表2-3）

表 2-3　各种类型数据所占位数及值域范围

类型	符号	关键字	所占位数	数的表示范围
整型	有	(signed)int	16	$-32768 \sim 32767$
		(signed)short	16	$-32768 \sim 32767$
		(signed)long	32	$-2147483648 \sim 2147483647$
	无	unsigned	16	$0 \sim 65535$
		unsigned short	16	$0 \sim 65535$
		unsigned long	32	$0 \sim 4294967295$
实型	有	float	32	$3.4 \times 10^{-38} \sim 3.4 \times 10^{38}$
	有	double	64	$1.7 \times 10^{-308} \sim 1.7 \times 10^{308}$
字符型	有	char	8	$-128 \sim 127$
	无	unsigned char	8	$0 \sim 255$

三、常量与变量

1. 标识符

（1）定义　用来标识变量、常量、函数等的字符序列。

（2）组成　只能由字母、数字、下画线组成，且第一个字母必须是字母或下画线，大小写敏感，不能使用关键字，长度最长32个字符。

例：判断下列标识符号合法性

sum　　Sum　　M.D.John　　day　　Date　3days　　三
student_name　　#33　　　lotus_1_2_3
char　a>b　_above　$123

2. 常量

（1）定义　程序运行时其值不能改变的量（即常数）。

（2）分类　直接常量、整型常量、字符常量、字符串常量、整常数。

（3）定义格式　#define　符号常量　常量。

注意：一般用大写字母，是宏定义预处理命令，不是C语句，符号常量用标识符代表常量。

（4）三种形式　十进制整数由数字0～9和正负号表示，如123、-456、0；八进制整数由数字0开头，后跟数字0～7表示，如0123、011；十六进制整数由0x开头，后跟0～9、a～f、A～F表示，如0x123、0Xff。

3. 变量

（1）定义　其值可以改变的量。

（2）变量定义的一般格式　数据类型　变量1，变量2，…，变量n。

变量初始化：定义时赋初值 int a=1,b=-3,c。

（3）分类　整型变量、字符型变量。

四、运算符和表达式

1. 算术运算符和表达式

（1）基本算术运算符 +－*/%　结合方向从左向右，优先级*/%→+－。

说明：两整数相除，结果为整数；%要求两侧均为整型数据。

（2）自增、自减运算符 ++ --　使变量值加1或减1。前置++i、--i时，先执行i+1或i-1，再使用i值；后置i++、i--时，先使用i值，再执行i+1或i-1。

2. 赋值运算符和表达式

（1）格式　变量标识符=表达式。

（2）作用　将一个数据（常量或表达式）赋给一个变量。

3. 关系运算符和表达式

（1）关系运算符种类　< <= == >= > !=。

（2）结合方向　自左向右。

（3）关系表达式的值　逻辑值"真"或"假"，用1和0表示。

4. 逻辑运算符和表达式

（1）逻辑运算符种类　!（非）&&（与）||（或）。

（2）逻辑运算真值表（表2-4）

表2-4　逻辑运算真值表

a	b	!a	!b	a&&b	a||b
真	真	假	假	真	真
真	假	假	真	假	真
假	真	真	假	假	真
假	假	真	真	假	假

注意：C语言中，运算量——0表示"假"，非0表示"真"；运算结果——0表示"假"，1表示"真"。

5. 条件运算符与表达式

（1）一般形式　表达式1？表达式2：表达式3

注意：表达式1、表达式2、表达式3类型可不同，表达式值取较高的类型。

（2）功能　相当于条件语句，但不能取代一般if语句。

注意：条件运算符可嵌套，如 x>0?1:(x<0?-1:0)

（3）结合方向　自右向左，如 a>b?a:c>d?c:d ⇔ a>b?a:(c>d?c:d)。

任务三　8只LED灯闪烁控制

任务目标

1. 了解MC51单片机并行I/O端口的结构。
2. 掌握C51语言函数的定义、声明、调用方法。
3. 能熟练运用延时函数调用编写程序。
4. 通过实训环节中动手实践能力的训练，激发自身的改革创新动力，做改革创新的生力军。

任务内容

由前面的内容，我们知道单片机是如何控制一个发光二极管闪烁的，然而在实际生活中，美丽的广告灯是由多个发光二极管构成的。本任务要求应用AT89S52芯片，控制8只发光二极管的闪烁。以单片机控制8只发光二极管的各种闪烁为任务，学习如何用单片机控制多只发光二极管的亮或暗，设计单片机控制电路并编程实现此功能。

任务分析

利用单片机P1口连接8只发光二极管，利用各引脚输出电位的变化，控制8只发光二极管的闪烁。P1口各引脚的电位变化可以通过指令来控制，为了清楚地分辨发光二极管的点亮和熄灭，在P1口输出信号由一种状态向另一种状态变化时，编写延时程序实现一定的时间间隔。效果为8只发光二极管首先为全部点亮，之后全部熄灭，如此循环反复，如图2-20所示。

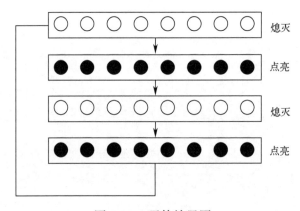

图2-20　硬件效果图

知识准备　子函数

在程序设计过程中，有很多重复的工作，可以把它设置成子函数，使用子函数可使程序结构变得简单清晰。子函数如何设置与调用呢？

一、子函数的声明

在使用子函数之前，需要对这个子函数进行声明。这只需要在程序的一开始声明这个子函数就可以了。

二、子函数的编写

子函数的编写和主函数编写差不多，只需要修改函数的名称就可以了。例如，Delay子函数，只需要写上：

```
void delay(void)
{
/*函数内容*/
}
```

三、子函数的调用

子函数的调用，只需要在函数中写上子函数的名称，后面跟上括号，表示这是一个子函数就可以了。

1.不带参数函数的写法及调用

本程序中，语句"for(i=0;i<40000;i++);"重复出现，可以写成以下子函数：

```
void delay()
{
for(i=0;i<40000;i++);
}
```

其中，void delay()中小括号为空，表示这个函数是一个无参数的函数。

2.带参数函数的写法及调用

若有以下函数：

```
void delay(int t)
{
int i,j;
for(i=0; i<t;i++)
        for(j=0;j<123;j++);
}
```

其中，void delay(int t)中小括号中的int t，表示这个函数是一个有参数的函数，t是一个int型变量，又叫这个函数的形参，调用时被真实数据代替，真实数据被称为实参。

在本例子中，若需延时500ms，调用时只需在t的位置录入500，程序执行会实现500ms延时。

任务实施

一、硬件电路设计

1. 设计思路

发光二极管具有普通二极管的共性——单向导电性，正向导通发光，反向截止熄灭。

利用AT89S52单片机P1口的8个引脚控制8只发光二极管，形成闪烁的效果。

2. 电路设计

（1）P1口结构　如图2-21所示。

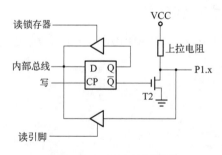

图2-21　P1口结构图

注意：P1口是准双向口。

（2）发光二极管电路　在设计电路时，发光二极管的连接方法有两种：共阴极接法和共阳极接法。电路图如图2-22、图2-23所示。

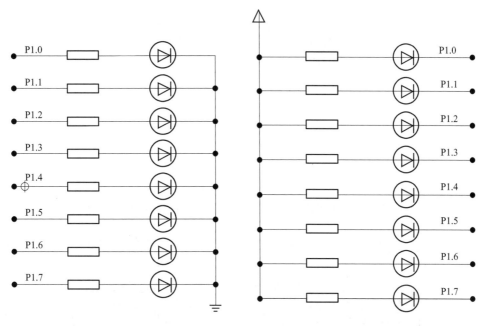

图 2-22　共阴极接法　　　　　　　图 2-23　共阳极接法

（3）控制电路　如图2-24所示。

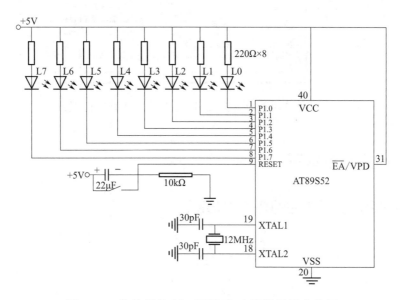

图 2-24　单片机控制 8 只发光二极管闪烁电路图

3.单片机控制8只LED灯闪烁的电路接线

根据亚龙设备YL-236实训台装置，选用MCU01主机模块、MCU04显示模块、MCU02电源模块，按图2-25和图2-26连接单片机控制8只LED灯闪烁电路。

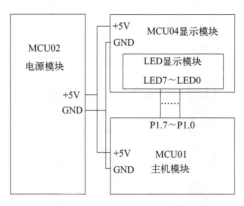

图 2-25　单片机控制 8 只 LED 灯的闪烁电路接线示意图

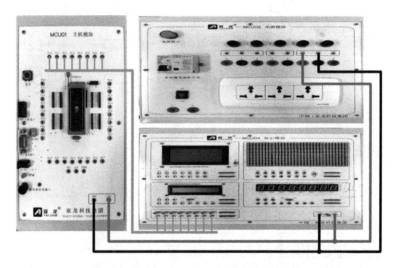

图 2-26　单片机控制 8 只 LED 灯的闪烁电路实际接线图

二、控制程序的编写

1. 绘制程序流程图（如图2-27所示）

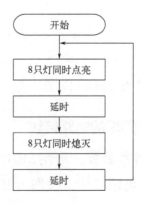

图 2-27　8 只 LED 灯的闪烁控制程序流程图

2. 编制C语言程序

参考程序清单：

（1）使用位编写程序

```c
#include <reg52.h>   //52系列单片机头文件
sbit LED0=P1^0;      //定义LED0表示P1.0
sbit LED1=P1^1;      //定义LED1表示P1.1
sbit LED2=P1^2;      //定义LED2表示P1.2
sbit LED3=P1^3;      //定义LED3表示P1.3
sbit LED4=P1^4;      //定义LED4表示P1.4
sbit LED5=P1^5;      //定义LED5表示P1.5
sbit LED6=P1^6;      //定义LED6表示P1.6
sbit LED7=P1^7;      //定义LED7表示P1.7
void delay(int t)
{
    int i,j;
    for(i=0;i<t;i++)
        for(j=0;j<123;j++);
}
void main()
{
    while(1)
    {
        LED0=0;     // LED0点亮
        LED1=0;     // LED1点亮
        LED2=0;     // LED2点亮
        LED3=0;     // LED3点亮
        LED4=0;     // LED4点亮
        LED5=0;     // LED5点亮
        LED6=0;     // LED6点亮
        LED7=0;     // LED7点亮
        delay(500); // 延时
        LED0=1;     // LED0熄灭
        LED1=1;     // LED1熄灭
        LED2=1;     // LED2熄灭
        LED3=1;     // LED3熄灭
        LED4=1;     // LED4熄灭
```

```
            LED5=1;      // LED5 熄灭
            LED6=1;      // LED6 熄灭
            LED7=1;      // LED7 熄灭
            delay(500); // 延时
    }
}
```

（2）使用字节编写程序

```
#include "reg51.h"
unsigned int i;
void main()
{
while(1)
{
   P1=0X00;
       for(i=0;i<40000;i++);
   P1=0XFF;
       for(i=0;i<20000;i++);
   }
}
```

说明：使用 for 语句实现延时。上面的程序有很多地方重复编写相似的代码。这样写程序，效率会很低。在编写程序时，常把相似的程序段写成一个"子函数"，通过函数"调用"来提高代码的利用率，减少程序文件大小，提高程序的可维护性和可读性。

（3）调用延时子函数编写程序

```
#include "reg51.h"
void delay(int t)
{
int i,j;
for(i=0;i<t;i++)
    for(j=0;j<123;j++);
}
void main()
{
while(1)
{
    P1=0X00;
```

```
        delay(300);
    P1=0XFF;
        delay(300);
    }
}
```

三、程序编译与调试

（1）运行 KEIL 软件，将本任务中的 C 语言程序以文件名 lx1.C 保存，添加到工程文件并进行软件仿真的设置。

（2）利用 KEIL 进行文件编译。将已经存储完成的文件进行编译。

（3）将编译后的程序利用 Proteus 进行软件仿真与调试，写入单片机芯片。

① Proteus 软件仿真，如图 2-28 所示。

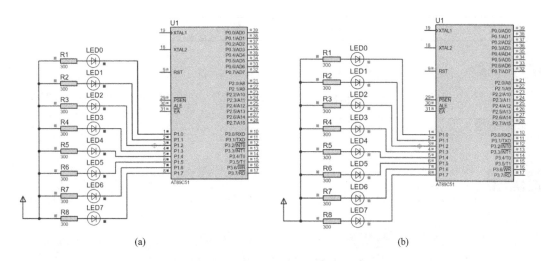

图 2-28　8 只 LED 灯的闪烁控制仿真

② 实际电路中程序的运行（图 2-29）。

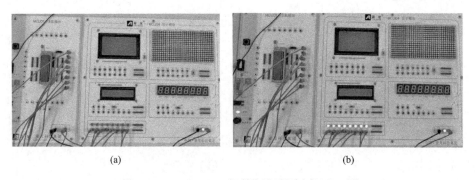

图 2-29　8 只 LED 灯的闪烁控制实际运行

任务评价

使用考核评价表（表2-5）进行任务评价。

表2-5 考核评价表

考核内容	硬件及仿真部分				软件部分				职业操守				其他
评价	单片机控制8只LED灯的闪烁模块选择、接线工艺				单片机控制8只LED灯的闪烁程序编写、运行调试				安全、协助、文明操作				
	优	良	中	差	优	良	中	差	优	良	中	差	
综合评分													
收获体会													

注：在"优、良、中、差"下面的框中用"√"选择评价等级

动脑筋

应用AT89S52芯片，控制8只LED灯两只一组，四组灯闪烁，使用延时子函数调用编程实现。

作业

一、填空题

1.当把8只发光二极管连接成共阳极接法时，点亮的二极管，单片机引脚应该输出_____信号，熄灭的二极管，单片机引脚应输出_____信号。

2.本设计中，VPD引脚接_____电位。

二、选择题

1.同样的工作电压，（ ）发光二极管的亮度较高。

（A）高亮型　　　（B）普通型

2.本任务中要实现8只发光二极管初始时最右端两只灯点亮的效果，初值应为（ ）。

（A）0x77　　　（B）0xE7　　　（C）0xEE　　　（D）0x7E

3.本任务设计电路时，若要增加发光二极管的亮度，则所选电阻阻值（ ）。

（A）增加　　　（B）减小　　　（C）不变

三、编写程序题

编写程序完成单片机对8只LED发光二极管进行如下要求的控制:

1. 把8只LED灯分成LED1~LED4(第1组)和LED5~LED8(第2组)共2组,使2组LED进行交替闪烁,即第1组点亮时第2组熄灭,反之第1组熄灭时第2组点亮。另外要求:①每组LED灯点亮时间和熄灭时间相同;②每组LED灯点亮时间和熄灭时间不相同。

2. 把8只LED灯分成LED1~LED2(第1组)、LED3~LED4(第2组)、LED5~LED6(第3组)和LED7~LED8(第4组)共4组,并使4组LED灯交替闪烁。发光和熄灭时间自定。

阅览室

单片机中数据的表示

一、数值型数据

1. 数制

数制是进位计数制的简称,是计数的方法,又称进制。日常生活中人们多用十进制,而单片机中常用二进制和十六进制(表2-6)。

表2-6 十进制、二进制、十六进制计数对照表

进制	每一位数码	基数	权	识别码
十进制	0、1…9	10	10^{i-1}	末位加 D 或不加
二进制	0、1	2	2^{i-1}	末位加 B
十六进制	0、1…9,A…F	16	16^{i-1}	末位加 H,C51 中前面加 0x

注:1. i 指整数的位数。例如十进制数123,2是第二位,$i=2$。
    2. 十进制数23,表示成十六进制,可写作17H 或 0x17。

常用进制转换对照表如表2-7所示。

2. BCD 码

用4位二进制数表示1位十进制数,称为二进制编码的十进制,简称BCD码。

表2-8中,利用4位二进制的0000~1001表示十进制中的数字0~9,称为8421BCD码。

二、非数值型数据

1. 逻辑数据

逻辑数据只能参加逻辑运算。基本逻辑运算包括与、或、非三种运算。参加运算的数据是按位进行的,位与位之间没有进位和借位关系。

表 2-7　常用进制转换对照表

十进制数	二进制数	十六进制数	十进制数	二进制数	十六进制数
0	0000B	0x00	9	1001B	0x09
1	0001B	0x01	10	1010B	0x0A
2	0010B	0x02	11	1011B	0x0B
3	0011B	0x03	12	1100B	0x0C
4	0100B	0x04	13	1101B	0x0D
5	0101B	0x05	14	1110B	0x0E
6	0110B	0x06	15	1111B	0x0F
7	0111B	0x07	16	0001 0000B	0x10
8	1000B	0x08	17	0001 0001B	0x11

注：表中数值前面的数字 0 是为了表示二进制与十六进制的对应关系"每一位十六进制数都有一组四位二进制数与之相对应"而补的位。

表 2-8　BCD 码

十进制数	二进制数
0	0000B
1	0001B
2	0010B
3	0011B
4	0100B
5	0101B
6	0110B
7	0111B
8	1000B
9	1001B

2.字符数据

单片机除对数值数据进行各种运算外，还需要处理大量的字母和符号信息，这些信息统称为字符数据。目前通用的编码是美国标准信息交换码，简称ASCII码。

走近大工匠

在科技界大名鼎鼎的李开复,曾在苹果、微软、谷歌三家全球最大的科技公司任职,也是年轻人所熟知的青年导师。十多年前,他辞职创业,创办了创新工场,自己的身份也转变为一位创业者。他希望能够帮助更多的中国创业者发挥潜能,让中国创新赢得世界认可。

在过去的十多年,李开复带领创新工场一路摸索,从天使投资到风险投资,从移动互联网到人工智能时代,从1500万美元到20多亿美元的管理资产规模,从0到投资了350多家创业公司,其中冒出了17个"独角兽"。在创新工场办公室走廊的墙上,挂着那些被李开复选择的创业者,其中不乏美图CEO吴欣鸿、VIPKID创始人米雯娟、地平线创始人余凯等今天广为大众熟知的名字。在中国创业创新的大时代里,李开复扮演着一个重要的角色。他接触过很多创业者,在他眼中,这些创新型人才拥有三个重要的共性:一是坚信他们做的事情一定能成功,可以创造价值,甚至可以改变世界;二是他们往往具有很强的个人魅力,这不代表他们多么会演讲、多么会讲话,而是说周围的人会信任他,愿意跟他一起前行,无论公司碰到什么问题或挑战,团队凝聚力依然很强;三是成功的创业者往往都有一流的执行力,很多事情亲自做过,这样才能服众。

思考:读了李开复的创业故事,在他眼中这些创新型人才都拥有的三个重要共性是什么?你又受到了什么启发呢?

任务四　8只LED灯流水控制

任务目标

1. 掌握C51语言的选择语句用法。
2. 能熟练运用左移、右移等基本指令编写及修改C51程序。
3. 能够熟练掌握Proteus仿真方法。
4. 通过实训环节中分组合作的组织设计，能够树立大局意识，发扬团队协作和集体主义精神，能举一反三，培养创新意识。

任务内容

流水灯常安装于店面、招牌、夜间建筑物，可以让门面或建筑物变得更加美观显眼，形成一定的视觉效果。流水灯是在控制系统的控制下按照设定的顺序和时间来发光和熄灭，形成一定视觉效果的一组灯。本任务要求应用AT89S52芯片，控制8只LED发光二极管有规律地（如轮流）发光及熄灭，并不断地循环往复，俗称为流水灯控制。设计单片机控制电路并编程实现此功能。

任务分析

利用单片机P1口连接8只发光二极管，利用各引脚输出电位的变化，控制发光二极管的亮灭。要求首先制作单向的流水灯，先让第一个亮，一段时间后让第二个亮（前一个熄灭），再过一段时间让第三个亮，……，最后一个亮，如此不断地循环。然后在此基础上制作双向流水灯，最后制作个性化的流水彩灯。通过本任务的学习，可以初步掌握C51语言编程的基本方法。

知识准备

一、if选择语句

if语句是C51中的一个基本条件选择语句，它通常有三种格式：
① if（表达式）{语句；}
② if（表达式）{语句1；}
　else　　{语句2；}

③ if（表达式1）{语句1；}
else if（表达式2）{语句2；}
else if（表达式3）{语句3；}
……
else if（表达式 n-1）{语句 n-1；}
else {语句 n}

二、移位指令

1. 左移指令"<<"

C51中，每执行一次"<<"左移指令，被操作的数将最高位移入单片机的PSW寄存器的CY位，CY位中原来的数丢弃，被操作数的最低位补0，其他位依次向左移动一位，得到一个新的8位数据（图2-30）。

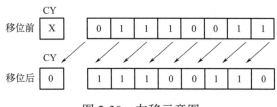

图2-30 左移示意图

2. 右移指令">>"

C51中，每执行一次">>"右移指令，被操作的数将最低位移入单片机的PSW寄存器的CY位，CY位中原来的数丢弃，被操作数的最高位补0，其他位依次向右移动一位，得到一个新的8位数据（如图2-31所示）。

图2-31 右移示意图

3. 循环左移"_crol_"

在C51自带的函数中，逻辑循环函数包含在intrins.h头文件中。循环左移指令_crol_功能是：被操作数的最高位移入最低位，其他各位依次向左移动一位（图2-32）。

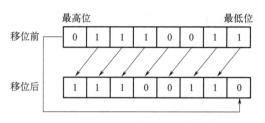

图 2-32 循环左移示意图

4. 循环右移"_cror_"

其功能是：被操作数的最低位移入最高位，其他各位依次向右移动一位（如图 2-33 所示）。

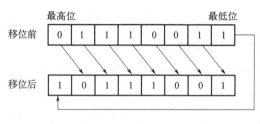

图 2-33 循环右移示意图

 任务实施

一、硬件电路设计

1. 设计思路

发光二极管具有普通二极管的共性——单向导电性，正向导通发光，反向截止熄灭。

利用 AT89S52 单片机 P1 口的 8 个引脚控制 8 只发光二极管，形成 8 位流水灯的效果。

2. 电路设计

电路硬件设计如图 2-34 所示。

3. 单片机控制 8 只 LED 灯流水的电路接线

根据亚龙设备 YL-236 实训台装置，选用 MCU01 主机模块、MCU04 显示模块、MCU02 电源模块，按图 2-35 和图 2-36 连接单片机控制 8 只 LED 灯的流水电路。

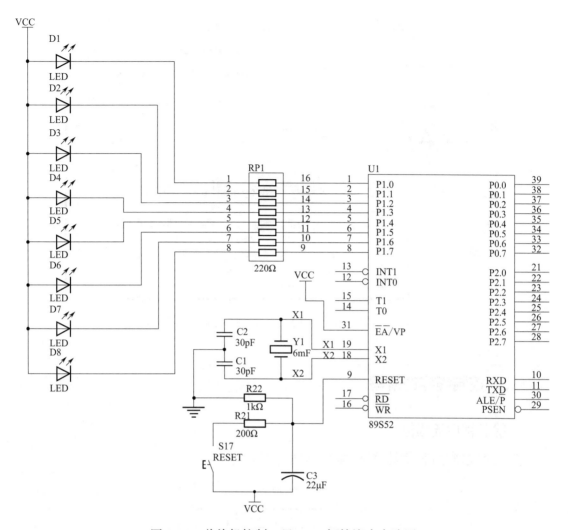

图 2-34 单片机控制 8 只 LED 灯的流水电路图

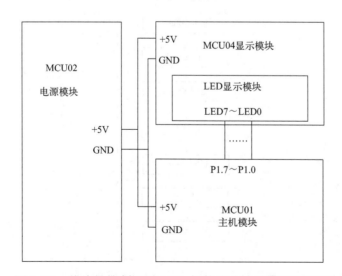

图 2-35 单片机控制 8 只 LED 灯的流水电路接线示意图

项目二 跑马灯控制

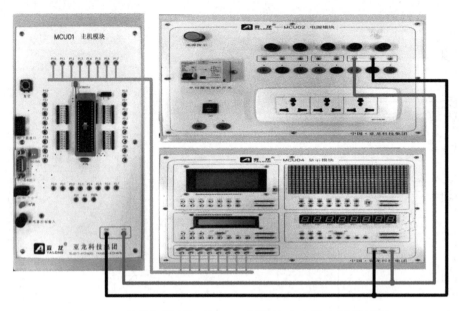

图 2-36 单片机控制 8 只 LED 灯的流水电路实际接线图

二、控制程序的编写

1. 绘制程序流程图

单向流水彩灯控制程序流程图如图 2-37 所示。

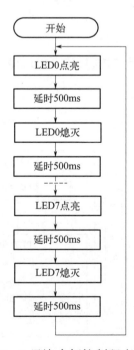

图 2-37 8 只流水灯控制程序流程图

2. C语言程序

（1）参考程序清单（单向流水彩灯程序编写）

```c
#include <reg52.h>    //52系列单片机头文件
sbit LED0=P1^0;       //定义LED0表示P1.0
sbit LED1=P1^1;       //定义LED1表示P1.1
sbit LED2=P1^2;       //定义LED2表示P1.2
sbit LED3=P1^3;       //定义LED3表示P1.3
sbit LED4=P1^4;       //定义LED4表示P1.4
sbit LED5=P1^5;       //定义LED5表示P1.5
sbit LED6=P1^6;       //定义LED6表示P1.6
sbit LED7=P1^7;       //定义LED7表示P1.7
void delay(int t)
{
int i,j;
for(i=0;i<t;i++)
    for(j=0;j<123;j++);
}
void main()
{
int i;        //定义变量i
while(1)
{
    LED0=0;       // LED0点亮
    delay(500);   // 延时
    LED0=1;       // LED0熄灭
    LED1=0;       // LED1点亮
    delay(500);   // 延时
    LED1=1;       // LED1熄灭
    LED2=0;       // LED2点亮
    delay(500);   // 延时
    LED2=1;       // LED2熄灭
    LED3=0;       // LED3点亮
    delay(500);   // 延时
    LED3=1;       // LED3熄灭
```

```
    LED4=0;       // LED4 点亮
    delay(500);   // 延时
    LED4=1;       // LED4 熄灭
    LED5=0;       // LED5 点亮
    delay(500);   // 延时
    LED5=1;       // LED5 熄灭
    LED6=0;       // LED6 点亮
    delay(500);   // 延时
    LED6=1;       // LED6 熄灭
    LED7=0;       // LED7 点亮
    delay(500);   // 延时
    LED7=1;       // LED7 熄灭
  }
}
```

（2）程序执行过程　单片机上电或执行复位操作后，程序从主函数开始执行。进入主函数后，先定义一个16位无符号整型变量i。

进入while循环后，执行第一条指令"LED0=0"，LED0导通并点亮；调用delay函数并输入延迟参数500，延时500ms时间；执行第三条指令"LED0=1"，LED0截止并熄灭；同时执行指令"LED1=0"，LED1导通并点亮；……。所有指令执行完，发光二极管LED0～LED7依次点亮一遍。

由于while指令括号中的表达式恒定为1，由此，程序不断循环，8只发光二极管就不断循环点亮了。

（3）程序编写（单向流水彩灯简化版）

```
#include "reg51.h"
#define uint unsigned int
void delay(int t)
{
int i,j;
for(i=0;i<t;i++)
    for(j=0;j<123;j++);
}
void  main()
{
unsigned char a=0xFE;
```

```
while(1)
{
    P0=a;
        delay(300);
    P0=0xFF;
        delay(300);
     a=a<<=1;
a=a +1;
        if(a==0xFF) a=0xFE;
}
}
```

注意：

本教材中提供的参考程序采用"逐位控制"的方法，利用"sbit"指令实现，逻辑关系简单，但程序量较大；采用"单元控制"的方法，利用"左移、右移"指令实现，需要明确每只发光二极管的亮灭情况，写出正确的数值，程序量有所减少；同样是"单元控制"的方法，利用"逻辑移位"指令，程序量大大减少，但同时要对指令有清晰的理解。

三、程序编译与调试

1. 运行KEIL软件

将本任务中的C语言程序以文件名lx2.C保存，添加到工程文件并进行软件仿真的设置。

2. 利用KEIL进行文件编译

将已经存储完成的文件进行编译。

3. 修改源程序

将送数指令改为移位指令，重复以上步骤，观察8只发光二极管的控制现象，理解<<、>>、_crol_、_cror_指令的功能。

4. 将编译后的程序利用Proteus进行人软件仿真与调试，写入单片机芯片

（1）Proteus软件仿真（图2-38）。

（2）实际电路中程序的运行（图2-39）。

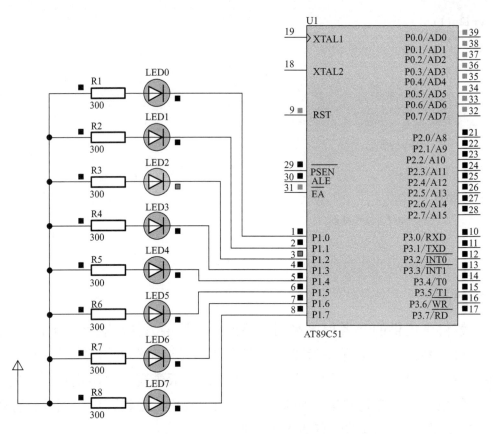

图 2-38 单片机控制 8 只发光二极管流水仿真图

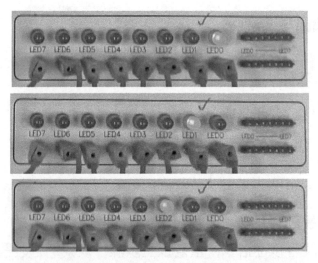

图 2-39 单片机控制 8 只发光二极管流水实际效果

任务评价

使用考核评价表（表 2-9）进行任务评价。

表 2-9 考核评价表

考核内容	硬件及仿真部分				软件部分				职业操守				其他
评价	单片机控制 8 只 LED 灯的流水模块选择、接线工艺				单片机控制 8 只 LED 灯的流水程序编写、运行调试				安全、协助、文明操作				
	优	良	中	差	优	良	中	差	优	良	中	差	
综合评分													
收获体会													

注：在"优、良、中、差"下面的框中用"√"选择评价等级

动脑筋

应用 AT89S52 芯片，控制 8 只 LED 灯双向流水，使用逻辑移位指令编程实现。

讨论

制作自己的个性化流水彩灯，如何编程实现？

作业

一、填空题

1. 123=_____B=0x_____。
2. 10011B=_____（十进制）=0x_____。
3. 39=_____8421BCD。
4. 将 37 右移 1 位是_____，左移 2 位是_____，循环左移 2 位是_____，循环右移 1 位是_____。

二、选择题

1. 本任务中要实现 8 只发光二极管初始时两端点亮的效果，初值应为（   ）。
  （A）0x77　　　（B）0xE7　　　（C）0xEE　　　（D）0x7E
2. 已知 shu=0x33，执行"shu=   "（   ）。
  （A）0x66　　　（B）0x19　　　（C）0xCC　　　（D）0x0C

三、编写程序题

实现以下流水灯的功能：

项目二　跑马灯控制

1. 从中间向两边逐个点亮：当小灯全部点亮后，8只小灯开始闪烁，闪烁的次数为3次；闪烁结束后全部为点亮状态，再从两边向中间逐个熄灭；最后循环上述流程。

2. 实现流水灯有次数的闪烁：从中间向两边逐个点亮，并循环2次；当循环2次后，8只小灯开始闪烁，闪烁的次数为3次；闪烁结束后全部为点亮状态，再从两边向中间逐个熄灭，并循环2次。

阅览室

一、C语言程序的基本结构及其流程图

C51语言有3种基本结构：顺序结构、选择结构和循环结构。

1. 顺序结构（图2-40）

2. 选择结构（图2-41）

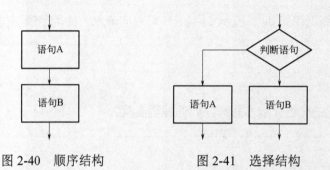

图2-40　顺序结构　　　　图2-41　选择结构

3. 循环结构

在程序中，有时需要某一段程序重复执行多次，这时就需要循环结构来实现，循环结构就是能够使程序段重复执行的结构。循环结构又分为两种：当（while）型循环结构（图2-42）和直到（do…while）型循环结构（图2-43）。构成循环结构的语句主要有：while、do … while、for和goto等。

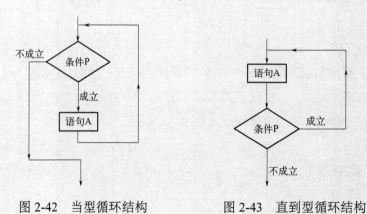

图2-42　当型循环结构　　　　图2-43　直到型循环结构

二、选择语句

switch 是 C51 中提供的专门处理多分支结构的多分支选择语句。它的格式如下：

switch（表达式）

{case 常量表达式 1：{语句 1；}break；

case 常量表达式 2：{语句 2；}break；

……

case 常量表达式 n：{语句 n；}break；

default：{语句 n+1；}

}

说明如下：

① switch 后面括号内的表达式，可以是整型或字符型表达式。

② 当该表达式的值与某一"case"后面的常量表达式的值相等时，就执行该"case"后面的语句，然后遇到 break 语句，就退出 switch 语句。若表达式的值与所有 case 后的常量表达式的值都不相同，则执行 default 后面的语句，然后退出 switch 结构。

③ 每一个 case 常量表达式的值必须不同，否则会出现自相矛盾的现象。

④ case 语句和 default 语句的出现次序对执行过程没有影响。

⑤ 每个 case 语句后面可以有"break"，也可以没有。有 break 语句，则执行到 break 就会退出 switch 结构；若没有，则会执行后面的语句，直到遇到 break 才会结束。

⑥ 每一个 case 语句后面可以带一个语句，也可以带多个语句，还可以不带。语句可以用花括号括起，也可以不括。

⑦ 多个 case 可以共用一组执行语句。

三、break、continue 和 return 语句

1. break 语句

使用 break 语句可以从循环体中跳出循环，提前结束循环而接着执行循环结构下面的语句。它不能用在除了循环语句和 switch 语句之外的任何其他语句中。

2. continue 语句

continue 语句用在循环结构中，用于结束本次循环，跳过循环体中 continue 下面尚未执行的语句，直接进行下一次是否执行循环的判定。continue 语句和 break 语句的区别在于：continue 语句只是结束本次循环而不是终止整个循环；break 语句则是结束循环，不再进行判断。

3. return 语句

return 语句一般放在函数的最后位置，用于终止函数的执行，并控制程序返回调用该函数时所处的位置。返回时还可以通过 return 语句带回返回值。return 语句格式有两种：

① return；

② return（表达式）；

如果 return 语句后面带有表达式，则要计算表达式的值，并将表达式的值作为函数的返回值。若不带表达式，则函数返回时将返回一个不确定的值。通常用 return 语句把调用函数取得的值返回给主调用函数。

走近科学家

1949年以来，中国的各项科学事业取得了许多突破性成果，原子弹、氢弹的研发和试爆，国产战斗机、航母投入使用，载人航天和探月工程，5G移动通信网络技术……许多领域从无到有，从落后追赶到弯道反超，从模仿到自主创新，能取得今天这样的成就，是一代又一代科学家和广大科技工作者历经磨难、不懈努力的结果。钱学森、邓稼先、屠呦呦、袁隆平、黄大年……年代不同，领域不同，但在他们的身上有一种共性——求实精神。

在21世纪，新时代的科学家们依然将热爱科学、探求真理作为毕生追求，始终保持对科学的好奇心和探索精神。他们坚持独立思辨、理性质疑，大胆假设、认真求证，不迷信学术权威；坚持立德为先、诚信为本，在践行社会主义核心价值观、引领社会良好风尚中率先垂范；坚持不惧限制、突破自我的决心，拿下每一块难啃的"硬骨头"，用科学精神和无悔付出将无数不可能变为可能。

这种精神是面对失败时的坚持，是扭转乾坤时的勇气，是不惧否定时的决心。他们追求真理、严谨治学的精神值得我们大力学习和弘扬。

思考：我们要学习科学家的什么精神？

项目三
数码管控制

项目概述

日常生活中我们总是离不开时间,电子时钟是生活中很实用的计时设备,如手机里的时间显示、电子手表的时间显示、广场电子钟的时间显示等。一般情况下,电子时钟包括时、分、秒三个部分的显示,而且这三个部分还可以分别进行调整。实际上这些显示功能可以由单片机来控制实现,本项目的最终目的是设计制作一个能显示时、分、秒且可调节的24小时电子时钟。本项目利用单片机对七段数码管中各段的亮灭进行控制,从而显示不同的数字、字母和符号。从一个数码管的单片机控制开始,进而实现两个数码管和多个数码管的单片机控制,由简入繁,循序渐进,进而掌握电子时钟的单片机控制。

项目目标

1. 熟悉LED数码管的基本结构。
2. 掌握LED数码管的静态显示电路结构。
3. 能够熟练编写LED数码管静态显示程序。
4. 能够熟练运用数组进行程序编写。
5. 掌握数码管动态扫描显示原理。
6. 理解软件定时和硬件定时的区别,掌握单片机的中断系统相关知识。
7. 能够编写电子计时器的控制程序。
8. 通过实训环节中动手实践能力的训练,培养认真细致、实事求是、积极探索的科学态度和工作作风,以及理论联系实际、自主学习和探索创新的良好习惯。

任务一 一位数码管显示控制

任务目标

1. 熟悉LED数码管的基本结构。
2. 掌握LED数码管的静态显示电路结构。
3. 能够熟练编写LED数码管静态显示程序。
4. 培养认真细致、实事求是、积极探索的科学态度和工作作风,理论联系实际、自主学习和探索创新的良好习惯。

任务内容

生活中我们经常见到冰箱、空调、洗衣机、电饭煲等家用电器采用LED数码管显示温度、时间,LED数码管是一种价格低廉、使用简单的显示器件,也是单片机控制系统中的常用器件。单片机控制输出对应的LED数码管各段电压,可以使其按照控制要求发光,从而显示出对应的消息。本任务要求应用AT89S52芯片,控制一位数码管显示数字0~9、英文字母A~F及特定符号,设计单片机控制电路并编程实现。

任务分析

单片机的P0口与一位数码管进行有序连接,利用P0口输出数据的变化,控制七段数码管中各段的亮灭,从而显示不同的数字、字母和符号。P0口各引脚的电位变化可以通过指令来控制,为了清楚地分辨数码管显示的数字或符号,在P0口输出数据变化时要有一定的时间间隔,间隔时间通过软件编程实现。

 知识准备 数码管应用知识

一、数码管的结构与显示原理

"8"字形LED数码管共10个引脚,其中两个引脚为公共电极,这两个公共电极在数码管内部已经连在一起。当数码管为共阳极时,公共端接高电位时数码管选通,才具有点亮的条件。当数码管为共阴极时则接低电位选通。剩下的8个引脚分别对应数码管上的8个段,以共阳极型数码管为例加以说明,如图3-1所示。

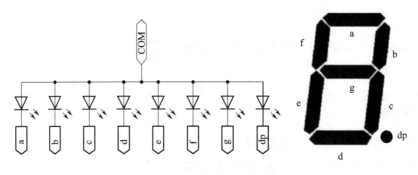

图 3-1 共阳极型数码管结构

如果让数码管的 a、b…dp 接到单片机引脚的 P0.0…P0.7 上，则对应的编码如表 3-1 所示。

表 3-1 数码管显示的字符与对应控制端数据（字形码或称字模）

显示的字符	共阴极型编码	共阳极型编码
0	3Fh	C0h
1	06h	F9h
2	5Bh	A4h
3	4Fh	B0h
4	66h	99h
5	6Dh	92h
6	7Dh	82h
7	07h	F8h
8	7Fh	80h
9	6Fh	90h

二、数码管发光显示原理

根据表 3-1 可知，要显示不同的字符，只要用单片机输出不同的数据，让相应的数码段发光即可。如要显示"3"只要在 P0 输出端输出一个 B0，要显示 0 在 P0 输出端输出一个 C0 即可（共阳极）。

三、数码管模块硬件电路及单个显示

根据数码管模块的接口电路（如图 3-2 所示），8 个数码管的显示内容控制端是公用的。因此，在同一时间内，只能有一个数码管显示，其他数码管不显

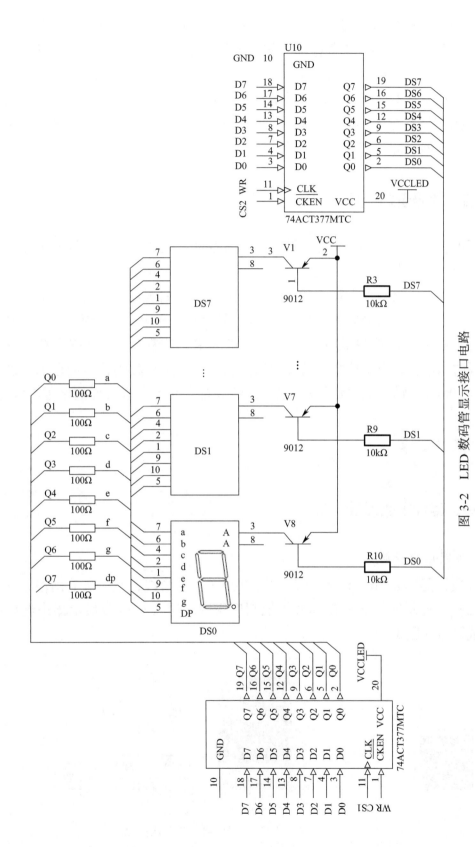

图 3-2 LED 数码管显示接口电路

示，否则，所有数码管显示的内容均相同。另外，在该电路中，要显示的内容（简称字模）要送到字模寄存器（该寄存器片选端为CS1）中，让哪个数码管亮，也就是位控制数据送到位控寄存器（该寄存器片选端为CS2）中。

如要在8个数码管中的DS0数码管上显示一个"3"，首先要将3对应的字模数据送到字模寄存器中，然后再将DS0数码管对应的"位控"数据（0xFE）送到位控寄存器中即可实现3的显示。

四、数码管扫描显示原理

根据显示硬件接口，8位数码管中每时每刻只能让一位数码管通电显示，如果在视觉上给人以全都在显示的效果，就必须采用扫描显示的方法。具体方法是：先让第1位数码管上显示第1位数一会儿，然后再让第2位数码管上显示第2位数一会儿，直到最后一位数码管通电显示完，再从第1个数码管开始显示，这样循环往复，周而复始地进行下去，最终给人的视觉感受是8个数码管好像都在同时显示。如果每位数码管显示时间为2.5ms，8个数码管扫描显示一遍所用时间为20ms。当然，根据需要，也可在数码管上显示一些其他的字母或符号。

任务实施

一、硬件电路设计

1.硬件设计思路

八段，是指a、b、c、d、e、f、g和dp 8个笔画段，这8个笔画段是由8个发光二极管控制的。通常在单片机控制应用中，用八段LED显示器来显示各种数字或符号（图3-3）。

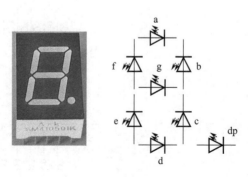

图3-3　数字八段码

2.电路设计（共阳极和共阴极）

（1）共阳极的八段LED显示器是将其8个发光二极管的阳极接在一起（图3-4）。

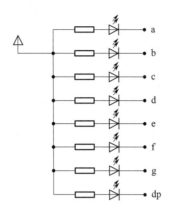

图 3-4　共阳极八段 LED 结构

（2）共阴极的八段LED显示器是将其8个发光二极管的阴极接在一起（图3-5）。

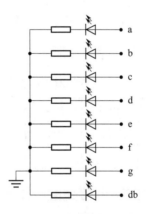

图 3-5　共阴极八段 LED 结构

以数字"3"为例，如图3-6所示。

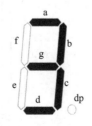

图 3-6　以"3"为例

a、b、c、d、g要点亮，电路原理图如图3-7所示。

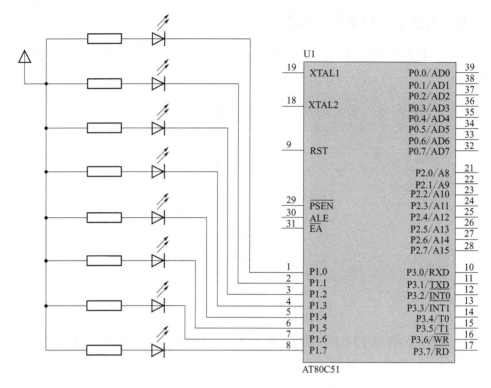

图 3-7 显示"3"共阳极电路原理图

P1 口对应数码管(共阳极)如表 3-2 所示。

表 3-2 显示"3"对应控制端数据

单片机引脚	P1.7	P1.6	P1.5	P1.4	P1.3	P1.2	P1.1	P1.0
数码管引脚	dp	g	f	e	d	c	b	a
电平信号	1	0	1	1	0	0	0	0

3. 单片机控制单个数码管的实训接线图(图 3-8、图 3-9)

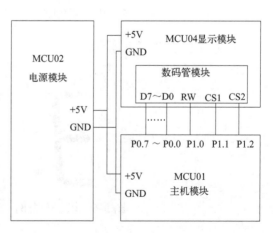

图 3-8 数码管模块单片机控制接线图

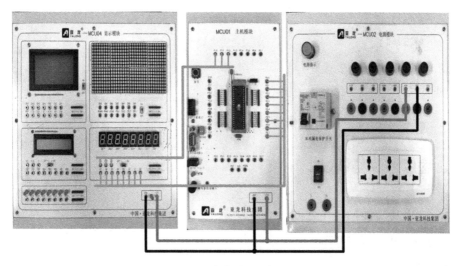

图 3-9 实物实际接线图

二、控制程序的编写（共阳极接线，在最右端数码管显示数字"2"）

1. 绘制程序流程图（图3-10）

2. C语言程序

```c
#include <reg51.h>
sbit RW =P1^0;
sbit CS1=P1^1;
sbit CS2=P1^2;
void main()
{
    P0=0xff;
    while(1)
    {
        P0=0Xa4;        //输出字形码
        RW=0;
         CS1=0;         //选中段码锁存器
        RW=1;           //产生上升沿锁存数据
         CS1=1;
        P0=0xFE;        //输出位值码
        RW=0;
         CS2=0;         //选中位置锁存器
```

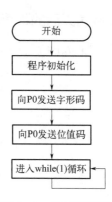

图 3-10 程序流程图

```
        RW=1;
         CS2=1;
    }
    while(1);
}
```

三、程序编译与调试

1. 运行KEIL软件
2. 新建KEIL工程项目
3. 工程的设置
4. 建立程序源文件
5. 将程序文件添加至工程项目
6. 编译、连接
7. 将编译后的程序利用Proteus进行软件仿真与调试，写入单片机芯片

（1）Proteus软件仿真（图3-11）。

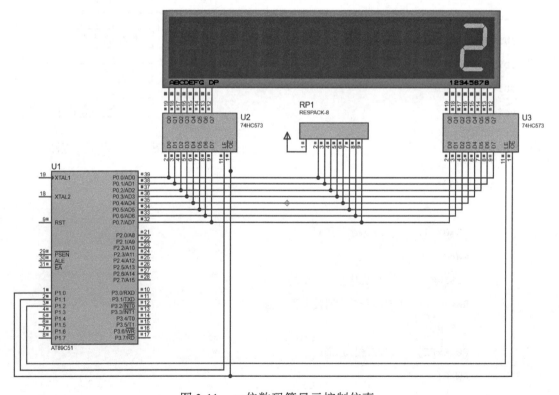

图3-11　一位数码管显示控制仿真

（2）实际电路中程序的运行（图3-12）。

图 3-12　一位数码管显示控制实际效果

 任务评价

使用考核评价表（表3-3）进行任务评价。

表 3-3　考核评价表

考核内容	一位数码管显示控制硬件及仿真部分				一位数码管显示控制软件部分				职业操守				其他
	模块选择、接线工艺				程序编写、运行调试				安全、协助、文明操作				
评价	优	良	中	差	优	良	中	差	优	良	中	差	
综合评分													
收获体会													
注：在"优、良、中、差"下面的框中用"√"选择评价等级													

动脑筋

应用AT89S52芯片，在8个数码管的最左端显示"3"，编程如何实现？

作业

一、填空题

1. LED数码管由＿＿＿个发光二极管构成，根据这些发光二极管的连接方式不同，分为＿＿＿和＿＿＿两种。

2. LED数码管的连接引脚共有_____个，其中，公共端有_____个。
3. LED数码管与单片机的I/O端口连接时，8个段码控制端中a应和I/O端口的最_____（低、高）位相连，dp应和I/O端口的最_____（低、高）位相连。

二、选择题

1. 下面数据中，_____是共阴极数码管"6"的段码。
（A）0x7D　　　（B）0x8D　　　（C）0x82　　　（D）0x72

2. 根据数码管共阳极、共阴极的编码，可以得出，它们的编码存在____关系。
（A）相反　　　（B）互补　　　（C）相同　　　（D）没关系

3. 下面数据中，____是共阳极数码管"2"的段码。
（A）0x5B　　　（B）0x4B　　　（C）0x4A　　　（D）0xA4

三、简答题

仔细观察七段数码管共阴极与共阳极段码的区别，能发现什么规律？

四、编写程序题

设计一程序，使一个数码管依次显示3～9之间的数字，时间间隔为1s。

阅览室

单片机应用系统开发

通过前面项目的学习，大致了解了单片机学习及应用的一般步骤。单片机本身不能单独完成特定的任务，只有与某些元器件和设备有机地组合在一起，并编写专门的程序，才能构成一个单片机应用系统，完成任务。一个单片机应用系统从接受任务、分析任务、硬件设计、程序设计、程序仿真调试、硬件电路的制作及调试、软硬件结合并投入运行的全过程，称为单片机应用系统的开发。

一、硬件设计

根据任务书，首先确定单片机应用系统的总体设计方案，然后再根据方案的要求，选定单片机的机型，确定系统中要使用的元器件，画出硬件电路原理图。

二、程序设计

1. 程序设计语言的选用

本教材采用C语言对单片机程序进行编写。

2. 绘制程序流程图

程序流程图是编写汇编源程序的重要环节，是程序设计的重要依据，它直观清晰地体现了程序设计思路。常见的流程图符号见图3-13。

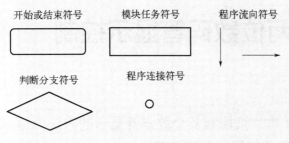

图 3-13 常用的流程图符号

3.编写源程序

程序流程图设计完后，根据流程图设计思路编写程序。

三、程序的仿真调试

仿真有两种方法：模拟仿真、在线仿真。

模拟仿真一般是用纯软件仿真，即在计算机上利用模拟开发软件对单片机进行硬件模拟、指令模拟和运行状态的模拟，从而完成软件开发的全过程。KEIL和Proteus 都是软件模拟仿真，其优点是开发系统的效率高、成本低；不足之处是不能进行硬件系统的诊断和实时仿真。

在线仿真是将程序加载到一个称为仿真机（或仿真器）的系统中，然后将此仿真机接入已制作好的硬件电路。仿真机的核心是一个单片机，它的功能与用户所使用的单片机功能相同，通过该单片机来运行用户程序，从而验证程序的对错。显然，用仿真机来模仿单片机更接近真实，更能发现问题、解决问题。

调试是一个以仿真为核心的综合过程，其中穿插了编辑、汇编和仿真等各项工作，是检验程序正确性的一个重要环节。

四、程序固化

经过在线仿真调试，最终证明程序正确无误后，就可以把调试好的目标程序写入单片机芯片了，这个过程称为程序固化。

写入程序是一个物理过程，需要专门的写入设备——编程器、ISP下载线或者串口下载线。

把写好程序的单片机芯片放入硬件电路，单片机系统就可以现场独立运行了。

任务二　两位数码管显示控制

任务目标

1. 掌握MCS-51单片机控制多个数码管显示的方法。
2. 能够熟练运用数组进行程序编写。
3. 能够熟练编写多个LED数码管静态显示程序。
4. 培养认真细致、实事求是、积极探索的科学态度和工作作风，理论联系实际、自主学习和探索创新的良好习惯。

任务内容

数码管是很常用的一种显示器件，很多设备上都有应用，它主要用在显示数字和简单符号的场合。单片机对数码管静态显示方式的优点是程序简单、显示亮度高，缺点是资源占用过大，控制一只数码管就要消耗单片机的一组I/O口。那么如何利用最少的资源控制更多的数码管呢？本任务要求应用AT89S52芯片，控制两位数码管循环显示0～99共100位数字。设计控制电路并编程实现此操作。

任务分析

单片机与两只数码管进行有序连接，控制两只数码管在同一时间显示0～99的数字。

　知识准备　数组

数组是有序的并且具有相似类型的数据的集合。

一、一维数组

1. 一般形式

类型阐明符　数组名[常量体现式]，例如：int a[10]。

2. 特点

（1）常量体现式中不容许涉及变量，可以涉及常量或符号常量。

（2）数组元素下标可以是任何整型常量、整型变量或任何整型体现式。

（3）可以对数组元素赋值，数组元素也可以参与运算，与简朴变量同样使用。

（4）使用数值型数组时，不可以一次引用整个数组，只能逐个引用数组元素。

（5）需要整体赋值时只可以在定义的同步整体赋值。如 int a[10]={0,1,2,3,4,5,6,7,8,9}，正确；int a[10]; a[10]={0,1,2,3,4,5,6,7,8,9}，错误。

（6）可以只给一部分数组元素赋值。例如：int a[10]={5,8,7,6}。

（7）对所有数组元素赋值时可以不指定数组长度，例如：int a[10]={0,1,2,3,4,5,6,7,8,9}，可以写成 int a[]={0,1,2,3,4,5,6,7,8,9}。但是，既不赋初值也不指定长度是错误的，例如：int a[]; 错误。

二、二维数组

1. 二维数组的定义

二维数组定义的一般形式是：类型说明符 数组名[常量表达式1][常量表达式2]。其中常量表达式1表示第一维下标的长度，常量表达式2表示第二维下标的长度。例如：int a[3][4]，说明了一个三行四列的数组，数组名为a，其下标变量的类型为整型，该数组的下标变量共有3×4个，即：

a[0][0], a[0][1], a[0][2], a[0][3]

a[1][0], a[1][1], a[1][2], a[1][3]

a[2][0], a[2][1], a[2][2], a[2][3]

二维数组在概念上是二维的，即是说其下标在两个方向上变化，下标变量在数组中的位置也处于一个平面之中，而不是像一维数组只是一个向量。但是，实际的硬件存储器却是连续编址的，也就是说存储器单元是按一维线性排列的。如何在一维存储器中存放二维数组，可有两种方式：一种是按行排列，即放完一行之后顺次放入第二行；另一种是按列排列，即放完一列之后再顺次放入第二列。

在C语言中，二维数组是按行排列的，即先存放a[0]行，再存放a[1]行，最后存放a[2]行。每行中有4个数组元素也是依次存放。由于数组a说明为int类型，该类型占两个字节的内存空间，所以每个数组元素均占有两个字节。

2. 二维数组元素的引用

二维数组的元素也称为双下标变量，其表示的形式为：数组名[下标][下标]。其中下标应为整型常量或整型表达式。例如：a[3][4]表示a数组有三行四列的数组元素。

任务实施

一、硬件电路设计

1. 设计思路

这里主要突出数据接口只有P0一组,多位数码管显示的本质是短时间内循环在不同位置的数码管显示不同的数字,并延迟2～5ms,通过视觉暂留实现8位数码管同时点亮的效果,这种显示方式又叫"动态显示"。(其他教材上每组数据接口控制一个数码管的接法叫"静态显示",编程简单,但浪费单片机引脚,因此实际应用较少。)

2. 电路设计

同项目三任务一,在此不再赘述。

二、控制程序编写

1. 绘制程序流程图(图3-14)

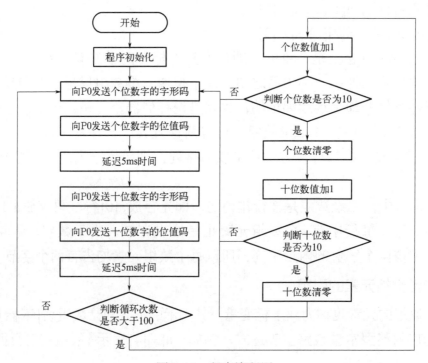

图3-14 程序流程图

2. C语言程序

（1）参考程序清单

```c
#include <reg51.h>
#define uchar unsigned char
#define uint unsigned int
sbit RW=P1^0;
sbit CS1=P1^1;
sbit CS2=P1^2;
uchar code duanma[]={0xc0,0xf9,0xa4,0xb0,0x99,0x92,0x82,0xf8,0x80,0x90};
                                                //共阳极数码管0-9的段码
uchar code weima[]={0xfe,0xfd};                 //个位十位的位值码
void delay(uint t)                              //定义延迟函数
{
    uchar i;
    while(t--)
    {
        for(i=123;i>0;i--);
    }
}
void main()
{
  char GW=0,SW=0,i=0;                           //定义个位十位及循环变量
while(1)                                        //主循环
{
  for(i=0;i<100;i++)
    {
        P0=duanma[GW];          //显示个位
        RW=0;CS1=0;RW=1;CS1=1;
        P0=weima[0];
        RW=0;CS2=0;RW=1;CS2=1;
        delay(5);
        P0=duanma[SW];          //显示十位
        RW=0;CS1=0;RW=1;CS1=1;
        P0=weima[1];
```

```
            RW=0;CS2=0;RW=1;CS2=1;
            delay(5);
        }
        GW++;                              //进位逻辑计算
        if(GW==10)
        {
            GW=0;
            SW++;
            if(SW==10)
                SW=0;
        }
    }
}
```

（2）程序执行过程　单片机上电或执行复位操作后,自主函数开始执行程序。在执行主函数前,先进行相关初始化。进入主函数后,直接进入大循环。

指令SW=table[shu/10],是将变量shu除以10,取整数部分（即十位）,然后在数组中找到对应的编码,送到P2口。

指令GW=table[shu%10],是将变量shu除以10,取余数部分（即个位）,然后在数组中找到对应的编码,送到P3口。

for语句循环100次后,数据显示到了99,shu=100,退出for循环。

三、程序的仿真与调试

1.运行KEIL软件

将本任务中的C语言程序以文件名lx4.c保存,添加到工程文件并进行软件仿真的设置。

2.利用KEIL进行文件编译

3.利用Proteus软件,绘制电路图

将编译完整的文件装载到单片机芯片,观察程序运行的仿真现象（图3-15）,理解程序的意义。

4.程序的下载及运行

利用ISP下载线或者串口,将编译生成的可执行文件下载到所用的芯片中,

运行程序，观察2个数码管的数字变化，理解程序的意义。

5. 修改源程序，改变显示初值并减少延时时间，重复以上步骤

（1）观察实际控制电路和Proteus仿真电路中两位数码管的控制现象，理解程序意义及相关指令的功能。

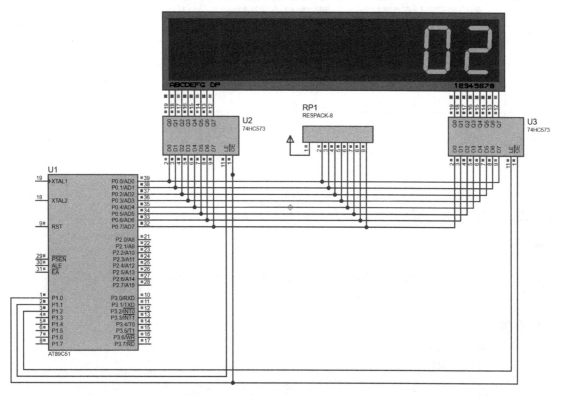

图 3-15　两位数码管显示控制仿真

（2）实际电路中程序的运行（图3-16）。

图 3-16　两位数码管显示控制效果

项目三　数码管控制

任务评价

使用考核评价表（表3-4）进行任务评价。

表3-4 考核评价表

考核内容	两位数码管显示控制硬件及仿真部分				两位数码管显示控制软件部分				职业操守				其他
评价	模块选择、接线工艺				程序编写、运行调试				安全、协助、文明操作				
	优	良	中	差	优	良	中	差	优	良	中	差	
收获体会													
任务点评													

注：在"优、良、中、差"下面的框中用"√"选择评价等级

动脑筋

应用AT89S52芯片，实现3位数码管循环显示000～999，编程如何实现？

作业

一、填空题

1. 当单片机控制少量数码管（1～2个）工作时，通常选择_____显示方法。

2. 需要将数据0x33的最低位清零，可以采用_____运算的方式，将此数据和数0xFE运算即可。

3. 需要使数据0x47的最高位置为1，可以采用_____运算的方式，将此数据和数0x80运算即可。

4. 要想将一个3位十进制数的百位取出来，设此数为a，百位用BW表示，应写作_____。

二、选择题

1. 单片机控制2个数码管的电路中，若将一数码管从P2口换到P0口，电路图应该（ ）。

（A）只将P2口端线换到P0口即可

（B）数码管的公共端要接地

（C）P2口端线换到P0口，同时P0口要加上拉电阻

（D）P0口只能做输入口

2.若本任务中，把显示数字的十位、个位互换，下面（　　）修改方法能实现且最简单。

（A）电路中两个数码管连线交换

（B）程序不变，电路接线不变，只改变数码管的位置就可以

（C）电路不变，程序中SW、GW内容互换

（D）将个位的数码管换到P0口

3.可以将P1口的低4位全部置高电平的表达式是（　　）。

（A）P1&=0x0F　　　　　　（B）P1｜=0x0F

（C）P1^=0x0F　　　　　　（D）P1=~0x0F

三、编写程序题

设计一个控制电路并编写程序，实现4位数码管循环显示0000~9999。

阅览室

LED 显示器介绍

一、LED显示器的发展历史

LED的技术进步是扩大市场需求及应用的最大推动力。最初，LED只是作为微型指示灯，在计算机、音响和录像机等设备中应用，随着大规模集成电路和计算机技术的不断进步，LED显示器正在迅速崛起，近年来逐渐扩展到证券行情股票机、数码相机、PDA手持终端以及手机领域。

二、LED显示器的结构及分类

1.结构

基本的半导体数码管是由七个条状发光二极管芯片排列而成的，可实现数字0~9的显示。其具体结构有"反射罩式"、"条形七段式"及"单片集成式多位数字式"等：

（1）反射罩式数码管；

（2）条形七段式数码管；

（3）单片集成式多位数码管；

（4）符号管、米字管（制作方式与数码管类似）；

（5）矩阵管（发光二极管点阵）。

2. 分类

（1）按字高分　笔画显示器字高最小有1mm（单片集成式多位数码管字高一般在2～3mm）。其他类型笔画显示器最高可达12.7mm（0.5英寸），甚至达数百毫米。

（2）按颜色分　有红、橙、黄、绿等数种。

（3）按结构分　有反射罩式、单条七段式及单片集成式。

（4）按各发光段电极连接方式分　有共阳极和共阴极两种。

3. 参数

（1）发光强度比。

（2）脉冲正向电流。

任务三　60s倒计时控制

任务目标

1. 学习MCS-51单片机定时/计数器的使用。学习使用MCS-51单片机芯片的P0口进行输出控制。
2. 理解软件定时和硬件定时的区别，学习单片机的中断系统相关知识。
3. 学习单片机中数据处理的方法，能够编写较复杂的控制程序。
4. 培养认真细致、实事求是、积极探索的科学态度和工作作风，理论联系实际、自主学习和探索创新的良好习惯。

任务内容

日常生活中人们常常会遇到一些要定时开机或关机的设备，此时利用定时器就可以实现智能控制，如定时加热电热水器。如果一直开着热水器会不停地加热，既不安全且又费电，现在有了微电脑定时开关，可以按照要求定时加热。本任务要求应用AT89S52芯片，实现60s倒计时控制及显示。要求开机初始化显示59，每隔1s减1，60s时间到蜂鸣器发声。设计控制电路并编程实现此操作。

任务分析

将单片机与2位数码管进行连接，作为时间的显示，在P1.3引脚连接一只蜂鸣器管，作为定时时间到的指示。编写控制程序的重点是1s的定时控制，可利用MCS-51单片机定时/计数器采用中断的方式进行。

 知识准备　单片机的中断系统

一、中断系统

日常生活中有很多中断的例子，如当你在家看书时突然有人敲门，于是先在书上做一个记号，然后去门口开门，并与来客谈话。谈话结束后关好门，回来看书，并从做记号的地方继续向下读。这是一个典型的中断。

对于单片机而言，中断是单片机系统实时处理内部或外

部事件的一种内部机制,是CPU对系统发生的某个事件做出的一种反应。

1. 中断源

52单片机一共有6个中断源,它们的符号、名称及产生的条件分别解释如下:

① INT0——外部中断0,由P3.2端口线引入,低电平或下降沿有效。
② INT1——外部中断1,由P3.3端口线引入,低电平或下降沿有效。
③ T0——定时器/计数器0中断,由T0计数器计满回零计起。
④ T1——定时器/计数器1中断,由T1计数器计满回零计起。
⑤ T2——定时器/计数器2中断,由T2计数器计满回零计起。
⑥ TI/RI——串行口中断,串行端口完成一帧字符发送/接收后引起。

2. 中断优先级

当几个中断源同时向CPU申请中断处理或CPU正在处理某中断申请时,又有另一个中断源申请中断,CPU必须区分哪个中断源优先级更高,以进行优先处理,这就是中断优先级别。

中断优先的三原则:一是低优先级中断请求不能打断高优先级的中断程序,即高优先级中断程序正在运行时,不响应低优先级的中断请求;二是同级中断不能嵌套,中断是谁先请求先响应谁;三是若没有特别设定,则各个中断的优先级是相同的。单片机默认由高到低级别的顺序如下:外部中断0、定时中断0、外部中断1、定时中断1、串行口中断。

3. 中断嵌套

中断嵌套的先决条件是中断初始化程序中应设置一条断开多个中断的指令,其次才是要有优先权更高的中断源的中断请求存在,两者缺一不可,这是实现中断嵌套的必然条件(图3-17)。

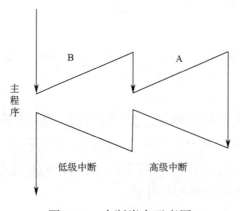

图3-17 中断嵌套示意图

二、中断系统相关寄存器的应用

1. 中断允许寄存器IE（表3-5）

表3-5 中断允许寄存器位符号及位地址

位序号	D7	D6	D5	D4	D3	D2	D1	D0
位符号	EA	—	ET2	ES	ET1	EX1	ET0	EX0
位地址	AFH	—	ADH	ACH	ABH	AAH	A9H	A8H

2. 中断优先级寄存器IP（表3-6）

表3-6 中断优先级寄存器位符号及位地址

位序号	D7	D6	D5	D4	D3	D2	D1	D0
位符号	—	—	—	PS	PT1	PX1	PT0	PX0
位地址	BFH	BEH	BDH	BCH	BBH	BAH	B9H	B8H

三、定时器/计数器的基本概念

1. 计数

一般是对事件的统计，通常以"1"为单位累加。

80C51单片机中有两个计数器，分别是T0、T1，每个计数器都由两个8位的计数器单元组成，即都是16位的，最大可计数量为$2^{16}=65536$。

2. 计数对象

80C51单片机P3口的第二功能中设有两个计数输入端，分别是P3.4和P3.5。它们又分别对应计数器的T0、T1。

3. 定时

80C51中的计数器除了可以用作计数外，还可以用作定时。定时和计数又有什么联系呢？在生活中我们计算时间的方法是数秒针走了多少下，如果是1h的时间，那么秒针走了3600下。

4. 计数器怎样用作定时器（图3-18）

计数器记录的是单片机外部事件（脉冲），定时器记录的是单片机内部提供的一个非常稳定的脉冲信号。当晶振为12MHz时，计数脉冲频率为1MHz，即每个脉冲的时间间隔为1μs。

项目三 数码管控制

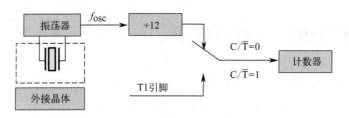

图 3-18 计数器用作定时器示意图

5.溢出

计数器的容量是有限的,当计数超过最高上限时就会出错,这样的现象叫溢出。

例如:水桶装水,当水装满后水会溢出。显然溢出后数据是不对的,所以要用一种方法来记录这样的错误。但单片机溢出和水桶溢出不太一样,单片机溢出后,定时器内部数据会变为0。例如:65535再加1个计数信号,会变为00000,这样单片机就要有一个记录溢出的方法。单片机记录溢出的方法是用TF0和TF1来表示,当TF0和TF1的数值变为1时表示计数器有溢出。

6.定时器自由控制时间的方法

首先来看一个水桶接水的生活常识。在人们接水的时候,桶的容量是一定的。空桶时接满一桶水所用的时间最长;而当桶中有一定量的水时,接水的时间就变短了;并且接满后水会溢到桶外,告诉我们水满了。单片机的定时器如同接水的桶,T0和T1的最大容量都只有65536,因此每记录到65536都会产生溢出。假设单片机的晶振为12MHz,那么每个脉冲的间隔是1μs。当要计满T0定时器时需要65536个脉冲,也就是说需要65.536ms。

举例说明:怎样才能设定10ms的时间呢?见图3-19定时器工作示意图。

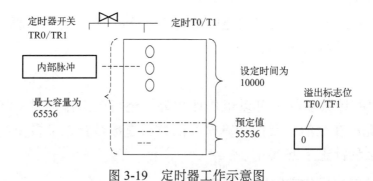

图 3-19 定时器工作示意图

10ms即10000μs,也就是计数到10000时满。这时查询溢出标志位TF0或TF1,看是否为高电平,是则为时间到。那么就要事先给定时器一个预定值,使得它加10000个脉冲后可以溢出。65536−10000=55536,那么55536为预定值。

注意：与生活中的接水不一样，水桶接满水溢出后，桶中的水是满的。而单片机在一次定时时间到并溢出后，计数器就回到0，下次计数从0开始。那么就相当于又拿一个空桶去接水，使得定时时间不正确。为使下次为同样的时间10ms，就需要在定时器溢出后马上把55536送到计数器。

四、定时器/计数器工作方式

1. 定时器/计数器工作方式控制寄存器TMOD（表3-7）

表3-7 定时器/计数器工作方式控制寄存器对应关系

位序号	D7	D6	D5	D4	D3	D2	D1	D0
位符号	GATE	C/$\overline{T}$	M1	M0	GATE	C/$\overline{T}$	M1	M0

每个定时器/计数器都有4种工作方式，它们由M1M0设定，对应关系见表3-8。

表3-8 定时器/计数器的4种工作方式

M1	M0	工作方式
0	0	方式0，为13位定时器/计数器
0	1	方式1，为16位定时器/计数器
1	0	方式2，8位初值重装的8位定时器/计数器
1	1	方式3，仅适用于T0，分成两个8位计数器，T1停止计数

2. 定时器/计数器控制寄存器TCON（表3-9）

表3-9 定时器/计数器控制寄存器对应关系

位序号	D7	D6	D5	D4	D3	D2	D1	D0
位符号	TF1	TR1	TF0	TR0	IE1	IT1	IE0	IT0
位地址	8FH	8EH	8DH	8CH	8BH	8AH	89H	88H

3. 定时器/计数器的4种工作方式

（1）定时工作方式0　方式0是13位计数结构的工作方式，其计数器由TH0全部8位和TL0的低5位构成，TL0的高3位弃之不用。其定时时间公式为：$t=(2^{13}-$计数初值$)\times$晶振周期$\times 12$。所以若晶振频率为12MHz，则最小定时时间为1ms，最大定时时间为8192ms，约为8s。

（2）定时工作方式1　方式1是16位计数结构的工作方式，计数器由TH0全部8位和TL0全部8位组成。其定时时间公式为：$t=(2^{16}-T0初值)\times 时钟周期 \times 12$。所以若晶振频率为12MHz，则最小定时时间为1ms，最大定时时间为65536ms，约为65.5s。

（3）定时工作方式2　方式2为自动重新加载工作方式。在这种工作方式下，把16位计数器分为两部分，即以TLX（X=0或1）作计数器，以THX（X=0或1）作预置寄存器。初始化时把初始值分别装入TLX和THX中。所以方式2是8位计数结构，若晶振频率为12MHz，则最大定时时间为255μs，约为0.25ms。

（4）定时工作方式3　在工作方式3下，定时器/计数器T0被拆成两个独立的8位计数器TH0和TL0。其中TL0既可以计数使用，又可以定时使用，而TH0只能作为简单的定时器使用。方式3的定时器长度也是8位，所以其最大定时时间同方式2。

4.定时器初值的计算

定时器一旦启动，它便在原来的数值上开始加1计数，若在程序开始时没有设置TH0和TL0，单片机复位后它们的默认值都是0。假设时钟频率是12MHz，12个晶振周期为一个机器周期，此时机器周期就是1μs，计满TH0和TL0就需要$2n-1$个数（其中n的取值取决于选择哪一种工作方式，在13、16、8之间变化），再来一个脉冲计数器就溢出，随即向CPU申请中断。如果要定时一定的时间（比如50s），只要先给TH0和TL0装一个初值，在这个基础上计满50个数后，定时器溢出，此时刚好是50s中断一次。

由此可以看出，直接采用单片机的定时器可实现的最大时间间隔为65536s（晶振频率为12MHz）。如果要实现更长时间的定时，可以采用定时器+软件计数的方法。

任务实施

一、硬件电路设计

1.设计思路

利用AT89S52芯片的P0口控制2位七段LED数码管，连接时注意数码管的型号以及各引脚的顺序。在P1.3引脚连接1只蜂鸣器，用来进行时间到的指示。

2.电路设计

（1）2位数码管控制电路　选用共阳极数码管，AT89S52芯片与P0口连接，P0口连接5kΩ的上拉电阻。

（2）发光二极管控制电路　选用普通电磁式蜂鸣器，在P1.3引脚与蜂鸣器之间连接510Ω电阻及9013晶体三极管。

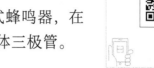

3.控制电路（图3-20、图3-21）

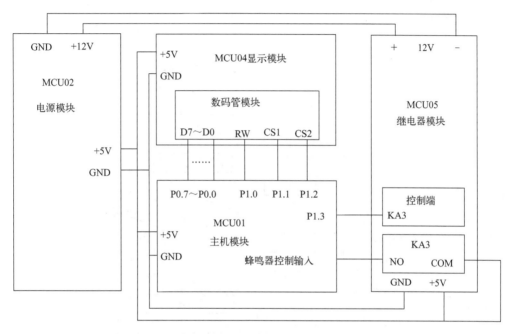

图3-20　电路原理图

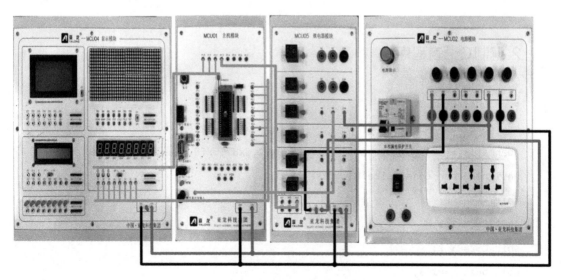

图3-21　实物实际接线图

二、控制程序编写

1. 绘制程序流程图（图3-22）

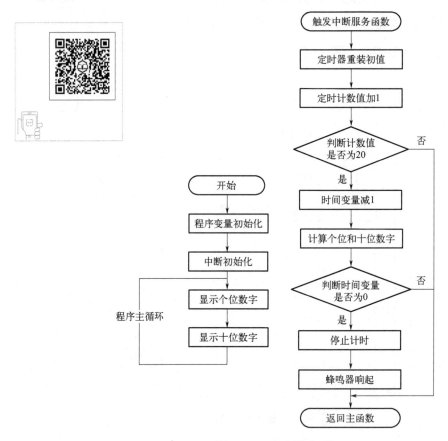

图 3-22　程序流程图

2. 编制C语言程序

（1）参考程序清单

```
#include <REGX52.H>
unsigned char code
duanma[11]={0xc0,0xf9,0xa4,0xb0,0x99,0x92,0x82,0xf8,0x80,0x90,0xbf};
unsigned char code weima[8]={0xfe,0xfd};
sbit RW=P1^0;
sbit CS1=P1^1;
sbit CS2=P1^2;
sbit buzzer=P1^3;
char s1=0,s2=0,t=60,i;
```

```c
void delay(int t)
{
    int i,j;
    for(i=0;i<t;i++)
        for(j=0;j<123;j++);
}
void xianshi(char w,char n)
{
    P0=duanma[n];
    RW=0;CS1=0;RW=1;CS1=1;
    P0=weima[w];
    RW=0;CS2=0;RW=1;CS2=1;
    delay(2);
}
void interrupt_int()
{
    TMOD=0x01;
    TH0=(65536-46080)/256;
    TL0=(65536-46080)%256;
    ET0=1;
    EA=1;
    TR0=1;
}
void main()
{
    buzzer=1;
    interrupt_int();
    while(1)
    {
        xianshi(0,s2);
        xianshi(1,s1);
        if(t==0)
        {
            buzzer=0;
            TR0=0;
```

```
            }
        }
    }
    void time()interrupt 1
    {
        TH0=(65536-46080)/256;
        TL0=(65536-46080)%256;
        i++;
        if(i==20)
        {
            t--;
            s1=t/10;
            s2=t%10;
            i=0;
        }
    }
```

（2）程序执行过程　单片机上电或执行复位操作后，程序回到主函数开始执行。执行主函数前，根据相关语句进行头文件、数据符号、控制设置定义。进入主函数，首先进行定时器的选用和工作方式设置，然后确定定时器初值，接着打开中断，然后启动定时器。

进入while(1)大循环后，执行两条指令，分别将时间变量的十位和个位取出来，然后取出对应段码送P0口显示。

中断时间到（50ms），程序自动转入中断处理函数。

中断处理函数的功能是重新定义初值，计数变量加1，然后判断是否到1s。若不到1s，时间变量不变，继续等待；若到1s，时间变量减1；然后判断是否减到0。

中断函数执行完返回主函数继续执行显示程序。

若60s倒计时时间到，关闭定时器，蜂鸣器鸣叫。

三、程序的仿真与调试

（1）运行KEIL软件，将本任务中的汇编源程序以文件名MAIN6.c保存，添加到工程文件并编译。编译通过后进行软件仿真调试。

（2）进行软件仿真时，可以观察P0口及定时器的内容，以确定程序设计是否合理。

（3）进行Proteus仿真（图3-23），观察数码管倒计时的时间。注意观察60s时间到，蜂鸣器控制引脚P1.3的电平变化。

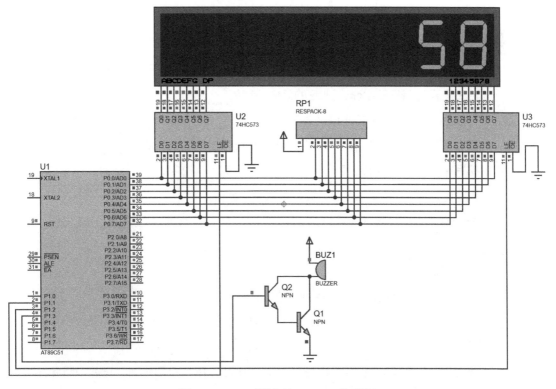

图 3-23　60s 倒计时 Proteus 仿真图

任务评价

使用考核评价表（表3-10）进行任务评价。

表 3-10　考核评价表

考核内容	60s 倒计时控制硬件及仿真部分				60s 倒计时控制软件部分				职业操守				其他
评价	模块选择、接线工艺				程序编写、运行调试				安全、协助、文明操作				
	优	良	中	差	优	良	中	差	优	良	中	差	
综合评分													
收获体会													
注：在"优、良、中、差"下面的框中用"√"选择评价等级													

项目三　数码管控制

动脑筋

将本任务利用定时器T1工作在方式0，每隔5ms中断一次，如何编写程序？

作业

一、填空题

1. 若只需要开串行口中断，则IE的值应设置为_____；若需要将外部中断0设置为下降沿触发，则执行的语句为_____。

2. 用C语言设计单片机程序时，外部中断1的中断入口序号是_____。

3. 编写串口中断程序时，要在函数说明部分后写_____。

4. 编写定时器T0中断程序时，要在函数说明部分后写_____。

5. 在C语言中进行算术运算时，若既有加减运算，又有乘除运算，则应先进行_____运算，再进行_____运算。

二、选择题

1. 60s倒计时控制程序中，初始值应该显示（　　）。

（A）59　　　　　　　　　　（B）60
（C）00　　　　　　　　　　（D）F

2. 要使MCS-51单片机能够响应定时器T1中断、串行接口中断，它的中断允许寄存器IE的内容应该是（　　）。

（A）0X98　　　　　　　　　（B）0X84
（C）0X42　　　　　　　　　（D）0X22

3. MCS-51单片机定时器工作方式0是指（　　）工作方式。

（A）8位　　　　　　　　　　（B）8位自动重装
（C）13位　　　　　　　　　（D）16位

4. 如果在中断优先级寄存器IP中，将IP设置为0x0A，则优先级最高的是（　　）。

（A）外部中断1　　　　　　　（B）外部中断0
（C）定时/计数器1　　　　　　（D）定时/计数器0

三、简答题

1. MCS-51单片机有几个中断源？各中断标志是如何产生的，又是如何撤销的？

2. 简述MCS-51单片机的中断过程。

走近大工匠

华为的发展历程

华为是任正非于1987年在深圳创立的。一开始，华为也没有自己的核心技术，任正非当时想的是：既然我们没有技术，那我们就去找产品。就这样，华为找到了一家香港做交换机的企业并成为了他们的代理商。由于任正非做生意非常诚实厚道，华为第一年就实现了盈利。

此时的任正非没有去想怎么赚取更多的利润，而是将所有的利润都用于研发自己的交换机技术，不到2年，华为就拥有了当时较为先进的交换机技术，由此顺利进入通信领域。2001年左右，华为已经成为国内极具实力的通信设备供应商，随即选择出海，第一站就是俄罗斯。当时的华为在俄罗斯没有任何基础，硬是凭借自己深厚的技术实力以及物美价廉的产品成功打开了俄罗斯市场，几年后成为了俄罗斯最大的电信设备供应商。有了俄罗斯的样板，华为很快就在东南亚以及非洲地区取得了不错的成绩。2002年左右，任正非将目光投向了欧洲，当时派遣去欧洲开拓市场的是余承东。华为在欧洲投入了相当大的资源和精力，用自己的核心技术帮助德国建立了第一个分布式的2G、3G合并基站，同时，华为的全球能力中心、财务中心以及风险控制中心都设在了欧洲；从销售收入贡献来看，欧洲更是举足轻重。

除此之外，进入智能手机时代之后，华为成立了海思半导体并且成功研发出了令国人引以为豪的麒麟系列处理器。目前，华为自主研发了操作系统"鸿蒙"，还在欧洲注册了商标。

通过了解华为的发展历史，谈谈你的未来职业规划是什么。谈谈优先级的重要性，在你今后的工作学习中，如何做到合理安排时间，提高效率。

任务四　电子计时器控制

任务目标

1. 学习数码管扫描显示原理。
2. 理解软件定时和硬件定时的区别，学习单片机的中断系统相关知识。
3. 能够编写电子计时器的控制程序。
4. 培养认真细致、实事求是、积极探索的科学态度和工作作风，以及理论联系实际、自主学习和探索创新的良好习惯。

任务内容

人们的生活离不开时间，电子时钟是生活中很实用的计时设备。一般情况下，电子时钟包括时、分、秒3个部分的显示（图3-24），而且这3个部分还可以分别进行调整。实际上，这些显示功能可以由单片机来实现。本任务要求应用AT89S52芯片，在八个数码管上实现电子时钟的显示与计时。显示格式如图3-24所示，开始时间设定为09-25-10。设计控制电路并编程实现此操作。

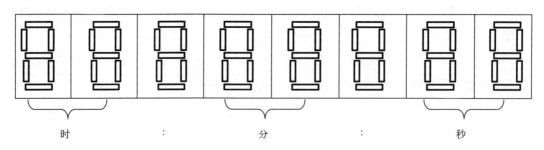

图3-24　电子时钟显示格式

任务分析

将单片机的P0口与8位数码管进行连接，八个数码管的显示内容控制端是公用的。因此，在同一时间内，只能有一个数码管显示，其他数码管不显示，否则，所有数码管显示的内容均相同。另外，在该电路中，要显示的内容（简称字模）送到字模寄存器（该寄存器片选端为CS1）中，让哪个数码管亮，也就是位控制数据送到位控寄存器（该寄存器片选端为CS2）中。

知识准备　数码管的显示方式

一、静态显示方式

所谓静态显示方式，就是指无论控制多少位数码管，每一位数码管在显示某一字符时，相应的发光二极管恒定导通或恒定截止。

这种显示方式的各位数码管相互独立，公共端恒定接地（共阴极）或接电源正极（共阳极）。每个数码管的8个字段分别与一个8位I/O口相连，I/O口只要有段码输出，相应字符即可显示出来，并保持不变，直到I/O口输出新的段码。4个共阳极数码管静态显示电路见图3-25。

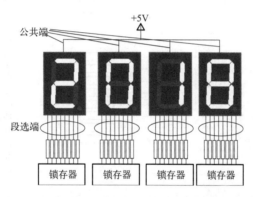

图 3-25　4个共阳极数码管静态显示电路

二、动态显示方式

所谓动态显示，是指无论在任何时刻只有一个数码管处于显示状态，每个数码管轮流显示（图3-26）。

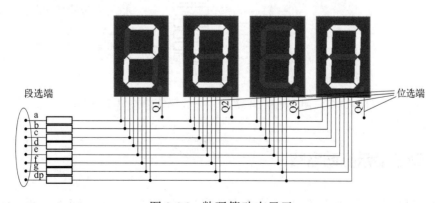

图 3-26　数码管动态显示

三、静态显示驱动电路

数码管的静态显示硬件电路较复杂,但与单片机之间的连接比较简单,例如,可以使用串行输入、并行输出芯片74LS164作为数码管的驱动(图3-27)。

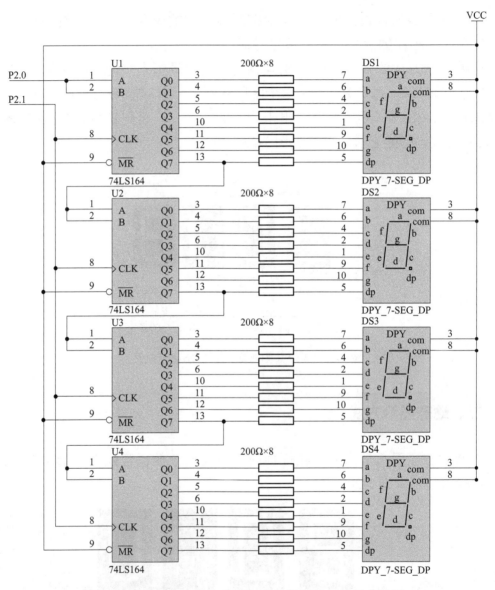

图 3-27 应用 74LS164 实现 4 位数码管静态显示电路图

四、动态显示驱动电路

在动态显示时,如果将数码管直接与单片机进行连接,硬件电路比较简单,但优势并不明显。当我们选择专门的数码管驱动芯片时，较静态显示而言，优势就很明显了。目前常用的数码管显示芯片有8279、MAX7219、HD7279、CH451等。这些芯片的主要特点是：数码管的显示全部采用动态扫描的方式，都可以连接8个数码管，控制方式都比较简单。

任务实施

一、硬件电路设计

1. 设计思路

项目三任务一介绍了数码管的静态显示方式，若要利用单片机同时控制8个数码管，采用一个输入/输出口连接一个数码管的方式是无法实现的。因此本任务采用另外的数码管控制方式——动态控制方式，利用P0口作输出口，与8位数码管进行有序连接，进行时钟显示。利用AT89S52芯片的P0口控制8位七段LED数码管，八个数码管的显示内容控制端是公用的。因此，在同一时间内，只能有一个数码管显示，其他数码管不显示。

动态扫描显示方法，是把所有位的显示器的8个笔画段a～dp相应地并联在一起，由一个8位I/O口控制；而每一个数码管的公共极COM是各自独立地受I/O线控制（图3-28）。

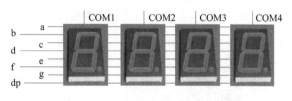

图3-28　4个数码管接线示意图

2. 电路设计

动态显示是目前单片机控制数码管显示中较为常用的一种显示方式。动态驱动是将所有数码管的8个显示笔画"a，b，c，d，e，f，g，dp"的同名端连在一起，另外为每个数码管的公共端增加位选控制电路，位选通由各自独立的I/O口线控制。当单片机输出字形码时，所有数码管都接收到相同的字形码，但究竟哪个数码管会显示出字形，取决于单片机对位选通COM端电路的控制。所以，只要将需要显示的数码管的位选通控制打开，该位就显示字形，没有选通的数码管就不会亮。通过分时轮流控制各个数码管的COM端，就使各个数码管轮流受控显示，这就是动态驱动（图3-29）。

采用动态显示方式比较节省I/O端口，但硬件电路较静态显示复杂，亮度也稍弱，且在显示位数较多时CPU要依次扫描，会占用CPU较多的时间。

项目三　数码管控制

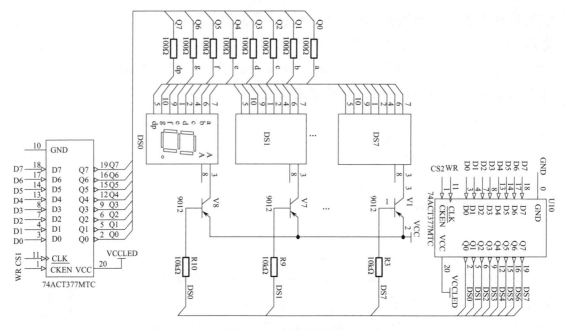

图 3-29　电路原理图

3. 单片机控制 8 个数码管的实训接线图（图 3-30、图 3-31）

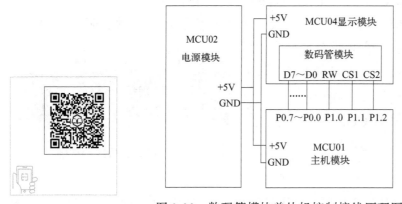

图 3-30　数码管模块单片机控制接线原理图

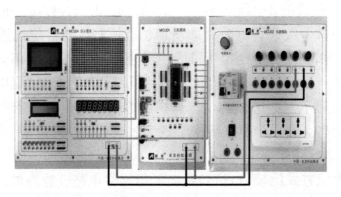

图 3-31　数码管模块单片机控制实际接线图

二、控制程序的编写（共阳极接线）

1. 绘制程序流程图（图3-32、图3-33）

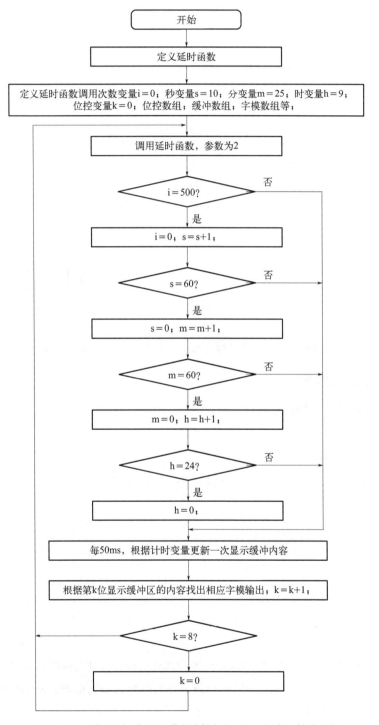

图3-32　电子计时器程序设计流程图（延时函数定时）

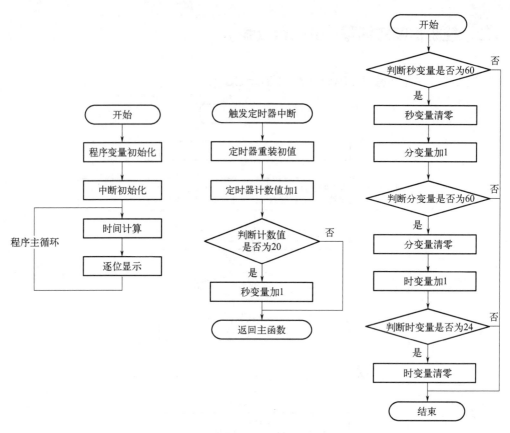

图3-33 电子计时器程序设计流程图（精准计时器定时）

2.编制C语言程序

（1）延时函数定时参考程序

```
#include <REGX52.H>
#define uint unsigned int
void delay(uint t)              /*  延时函数（单位毫秒）*/
{
    unsigned char i;
    while(t--)
    {
        for(i=123;i>0;i--);
    }
}
char code BitTab[]={0xFE,0xFD,0xFB,0xF7,0xEF,0xDF,0xBF,0x7F};   //位控数据数组
unsigned char code DispTab[]={0xC0,0xF9,0xA4,0xB0,0x99,0x92,0x82,0xF8,0x80,0x90,0xBF};   //字模数组
char DispBuf[]={0x00,0x01,0x0A,0x05,0x02,0x0A,0x09,0x00};//8字节的显示缓冲区置初值数组
```

```c
void main()
{
    unsigned char s=10,m=25,h=9,k=0;
    uint i;
    char tmp;
    P0=0xff;
    while(1)
    {
        delay(2);
        i++;
        if(i==500)//判断是否计时1s
        {
            i=0;s++;
            if(s==60)
            {
                s=0;m++;
                if(m==60)
                {
                    m=0;h++;
                    if(h==24)
                    {
                        h=0;
                    }
                }
            }
        }
        if((i%25)==0)   //*计时变量数据转换为显示数据，每50ms数据更新一次
        {
            DispBuf[0]=s%10;
            DispBuf[1]=s/10;
            DispBuf[3]=m%10;
            DispBuf[4]=m/10;
            DispBuf[6]=h%10;
            DispBuf[7]=h/10;
        }
/*显示程序*/
```

```
        tmp=DispTab[DispBuf[k]];
        P0=tmp;                    //输出字形码
         P1_0=0;
        P1_1=0;
         P1_0=1;
        P1_1=1;
        tmp=BitTab[i];             //取位值
        P0=tmp;                    //输出位值码
        P1_0=0;
        P1_2=0;
        P1_0=1;
        P1_2=1;
        k++;
        if(k==8)k=0;
    }/*显示程序结束*/
}
```

（2）精准计时器定时参考程序（使用计时器中断编写完成）
```
#include <REGX52.H>
#define uchar unsigned char
#define uint unsigned int
sbit RW=P1^0;
sbit CSl=P1^1;
sbit CS2=P1^2;
uchar code duanma[11]={0xc0,0xf9,0xa4,0xb0,0x99,0x92,0x82,0xf8,0x80,0x90,0xbf};
                                          //共阳极数码管0~9的段码
uchar code weima[8]={0xfe,0xfd,0xfb,0xf7,0xef,0xdf,0xbf,0x7f};
                                          //个位十位的位值码
uchar cache[8]={0,0,10,0,0,10,0,0};       //8字节的显示缓冲区置初值数组
char h=0,m=0,s=0,num=0;                   //变量初始化
void delay(uint t)                        //定义延迟函数
{
    uchar i;
    while(t--)
    {
        for(i-123;i>0;i--);
    }
```

```c
}
void T0_init()                                    //定时器中断初始化
{
    TMOD=0x01;                                    //设置定时器T0工作在方式1
    TH0=(65536-50000)/256;
    TL0=(65536-50000)%256;                        //装初值
    EA=1;                                         //开总中断
    ET0=1;                                        //开定时器T0中断
    TR0=1;                                        //启动定时器T0
}
void display(char i)                              //显示函数
{
    P0=duanma[cache[i]];RW=0;CS1=0;RW=1;CS1=1;
    P0=weima[7-i];RW=0;CS2=0;RW=1;CS2=1;
    delay(2);
}
void time()                                       //时间计算
{
    if(s==60)
    {
        s=0;
        m++;
    }
    if(m==60)
    {
        m=0;
        h++;
    }
    if(h==24)
        h=0;
    cache[0]=h/10;cache[1]=h%10;
    cache[3]=m/10;cache[4]=m%10;
    cache[6]=s/10;cache[7]=s%10;
}
void main()
{
```

```
        char j;
        T0_init();
        while(1)                        //主循环
        {
            time();
            for(j=0;j<8;j++)            //8个数码管循环显示时间
                display(j);
        }
    }
    void timer0() interrupt 1
    {
        TH0=(65536-50000)/256;
        TL0=(65536-50000)%256;          //重装初值
        num++;                          //计数变量加1
        if(num==20)                     //如果计数变量到了20次,说明1s时间到
        {
            num=0;
            s++;
        }
    }
```

3.延时函数程序执行过程

(1)计时方法　主程序之前,先定义一个延时函数 delay(unsigned int),单位为 1ms。设主程序为一个无限循环程序,每次循环要先调用一次延时函数,参数为 2。程序循环开始前要做下列工作:

首先定义一个调用延时函数次数的计数变量 i 且 i=0(8 位无符号字符变量);
然后定义一个秒计数变量 s 且 s=10(8 位无符号字符变量);
再定义一个分变量 m 且 m=25(8 位无符号字符变量);
最后定义一个时变量 h 且 h=9(8 位无符号字符变量)。

在每次调用延时函数之后要进行下列判断:
如果变量 i=500(1s 时间到),则 i=0, s=s+1;
如果变量 s=60(1min 间到),则 s=0, m=m+1;
如果变量 m=60(1h 时间到),则 m=0, h=h+1;
如果变量 h=24(1 天时间到),则 h=0。

由此可见,在不断循环中,实现了定时与时间进位任务。

(2)将各时间变量转换为显示缓冲区供显示的数据　在主程序开始前,完

成下列数组的定义:

  char code BitTab[]={0xFE,0xFD,0xFB,0xF7,0xEF,0xDF,0xBF,0x7F};

  char DispBuf[]={0x00,0x01,0x0A,0x05,0x02,0x0A,0x09,0x00};

  uchar code DispTab[]={0xC0,0xF9,0xA4,0xB0,0x99,0x92,0x82,0xF8,0x80,0x90,0xBF};

其中BitTab[]为位控数据数组；

DispBuf[]为显示缓冲区数组；

DispTab[]为字模数组，其中0xBF为"-"的字模。

将各时间变量转换为显示缓冲区供显示的数据的具体方法是：

将s中的十位数送DS1；

将s中的个位数送DS0；

将m中的十位数送DS4；

将m中的个位数送DS3；

将h中的十位数送DS7；

将h中的个位数送DS6。

另外，DS5、DS2中的数据始终是BF。

数码管DS与时间的对应关系如图3-34所示。

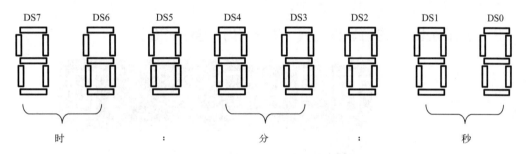

图3-34　数码管DS与时间对应关系

（3）根据显示缓冲区中的显示数据将对应的字模取出　显示缓冲区中的显示数据就是其字模在字模数组中的相应位置。如显示数据为"0"，则"0"的字模在DispTab[]数组中的位置恰是DispTab[]数组中的下标，即DispTab[0]。因此，只要将显示数据作为DispTab[]数组中的下标值就可找到对应的字模了。

如显示数据为"1"，则"1"的字模为DispTab[1]；

如显示数据为"9"，则"9"的字模为DispTab[9]。

也就是说，只要将显示数据作为字模数组中的下标变量，就可得到相应字模数据了。

（4）扫描时间确定与显示数据更新时间确定　数码管扫描周期不能超过20ms，共8只数码管，如果每位数码管显示的时间为2ms，则扫描周期为16ms，没有超过规定时间,故每位数码管显示的时间为2ms。显示数据的更新既不能太快,也不能太慢。太快显示会出现混乱,太慢会出现时间不准或迟钝。根据经验,取50ms为宜。

4. 精准计时程序执行过程

单片机上电或执行复位操作后,自主函数开始执行程序。进入主函数后,进行定时器设置。进入while大循环,首先执行time()子函数。每到1s,秒加1,然后进行相应"秒、分、时"的判断。接着执行display()子函数,根据位选码和段选码,在正确的位置显示正确的内容。

三、程序编译与调试

1. 运行KEIL软件

将本任务中的C语言程序以文件名lx8.c保存,添加到工程文件并进行软件仿真的设置。

2. 利用KEIL进行文件编译

将已经存储完成的文件进行编译。

3. 利用Proteus进行软件仿真(图3-35、图3-36)

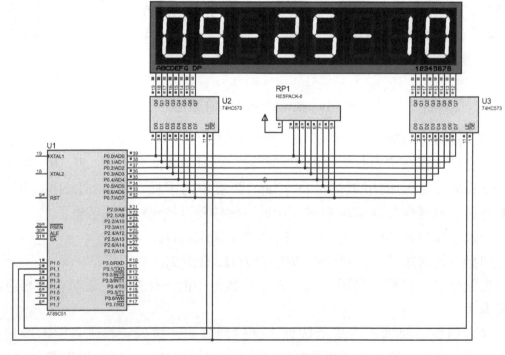

图3-35 电子计时器控制仿真图

图 3-36　电子计时器控制效果

4. 程序的下载及运行

 任务评价

使用考核评价表（表 3-11）进行任务评价。

表 3-11　考核评价表

考核内容	电子计时器控制仿真及硬件接线部分				电子计时器控制软件部分				职业操守				其他
评价	模块选择、接线工艺				程序编写、运行调试				安全、协助、文明操作				
	优	良	中	差	优	良	中	差	优	良	中	差	
综合评分													
收获体会													

注：在"优、良、中、差"下面的框中用"√"选择评价等级

动脑筋

应用 AT89S52 芯片，单片机开机开始时间显示 12:00:00，计时开始编程如何实现？

作业

一、填空题

1._____显示是目前单片机控制数码管显示中较为常用的一种显示方式。

2.在单片机控制多个数码管工作时,单片机输出字形码的I/O口叫作_____码输出口,输出字位码的I/O口叫作_____码输出口。

3.逻辑运算符和其他运算符优先级的关系中,优先级最高的是_____。

4.将数据0x37左移一次后,得到的数据是_____。

5.需要将数据0x33的最低位清零,可以采用_____运算的方式,将此数据和数0xFE运算即可。

二、选择题

1.若采用动态显示方式控制8个数码管显示时,数码管有明显闪烁现象,可能是(　　)。

(A)数码管公共端接反　　　　(B)数码管段码、位码接反
(C)数码管扫描时间太短　　　(D)数码管扫描时间太长

2.在24小时时钟自动运行时,秒的时间不到59就清0,可能的原因是(　)。

(A)段码数组少了9的编码　　　(B)程序中判断秒十位的数值写错
(C)程序中判断秒个位的数值写错　(D)位码少了1位

3.可以将P1口的低4位全部置高电平的表达式是(　)。

(A)P1&=0x0F　　　　　　(B)P1|=0x0F
(C)P1^=0x0F　　　　　　(D)P1=~0x0F

三、编写程序题

设计一程序,单片机开机显示12:00:00,计时开始。

项目四
显示屏控制

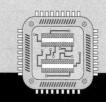

项目概述

显示屏是一种输入/输出设备,它将电子文件通过特定的传输设备显示到屏幕上,并反射到人眼。显示屏以体积小、耗电量低、使用寿命长、高亮度、低热量、环保耐用等特点被广泛应用。人们的日常生活中,可见到各式各样的显示屏,如室内外的电子条幅,文字、图像等远距离广告播放,常常使用LED显示屏;广播电视、医疗器械等广泛应用的是液晶显示屏。LED显示屏与液晶屏均有单色和彩色两种显示种类。

本项目通过完成控制32×16点阵的显示、控制1602液晶屏幕的显示、控制128×64液晶屏幕的显示等任务,介绍32×16点阵、1602液晶屏幕、128×64液晶屏幕显示的控制方法,以及循环程序结构的编写方法。

项目目标

1. 掌握点阵显示的工作原理及扫描方式。
2. 熟练掌握点阵显示屏的控制程序编写方法,并能灵活运用。
3. 了解液晶屏的显示原理。
4. 熟练掌握液晶显示屏的控制程序编写方法,并能灵活运用。
5. 能使用循环结构的程序编写控制点阵、液晶屏显示。
6. 具有科学的思维方法、创新精神、实践能力和继续学习新技术的能力。
7. 培养认真细致、实事求是、积极探索的科学态度和工作作风,理论联系实际、自主学习和探索创新的良好习惯。

任务一　点阵显示屏控制

任务目标

1. 了解计算机中点阵汉字的结构及其硬件实现。
2. 了解点阵屏的工作原理、扫描方式、程序设计要点。
3. 熟练掌握点阵显示器的控制方法，并能灵活运用。
4. 能够使用循环结构的程序编写方法编写点阵显示驱动程序。
5. 实操中具有科学的思维方法、创新精神、实践能力和继续学习新技术的能力。

任务内容

在我们生活的城市中，LED显示屏广泛应用于公共汽车、商店、体育场馆、车站、学校、银行、高速公路等公共场所，担负着信息发布和广告宣传的任务。LED显示屏是由多个LED点阵组成的，每个LED组成LED显示屏点阵的一个像素，通过对各个LED的明暗控制，可以显示出各种字符、图像信息或者动画效果。本任务利用单片机、8块8×8点阵显示屏，设计一个点阵显示系统，实现汉字、数字的显示功能。

任务分析

应用AT89S52芯片和8块8×8点阵作为显示屏，显示汉字"欢迎"。设计电路并编程实现。要求当程序运行后，在点阵显示屏上静态显示"欢迎"。完成本任务需要学习汉字的点阵显示原理、点阵汉字显示屏硬件接口电路、点阵汉字的扫描显示原理及程序设计思路。

 知识准备

一、汉字LED显示原理

1.汉字显示原理

LED显示屏是由多个LED点阵组成的，一个LED是LED显示屏点阵中的一个像素，通过对各个LED的明暗控制，可以显示出各种字符、图像信息或者动画效果。

2. 汉字显示数据

在 PC 机的文本文件中，汉字是以机内码的形式存储的，每个汉字占用两个字节长度，计算机就是根据机内码的值把对应的汉字从字库中提取出来的。每个汉字在字库中是以点阵字模形式存储的，通常采用 16×16 点阵形式，每个点用一个二进制位表示，存 1 的点显示时可以在屏上显示一个亮点，存 0 的点则在屏上不显示，这样就把存某字的 16×16 点阵信息直接在显示器上显示出对应的汉字。如一个"亚"字的 16×16 点阵字模如图 4-1 所示，存储单元存储该字模信息时，需 32 个字节地址，在图的右边写出了该字模对应的字节值。其规则是：把字分成左右两部分，第一行的左半部分八位数据占用一个字节存储，右半部分八位数据占用一个字节存储，依次类推，16 行共使用了 16×2 = 32 个字节。

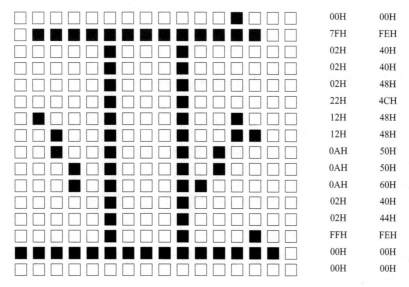

图 4-1 汉字与字模数据对应关系

二、32×16 点阵汉字扫描显示与控制原理

控制示意图如图 4-2 所示。

根据图 4-2 可知，每行输出值为"1"时，此行上对应发光点才能点亮，此屏共有 16 行、32 列。汉字的上半部分由 ROW0 对应的锁存器来控制，下半个字由 ROW1 对应的锁存器来控制，每行对应的 32 列分别由 COL0、COL1、COL2 和 COL3 控制的四个锁存器输出字模数据。行信号 1 有效时，COL0 和 COL1 控制左面汉字的字模输出，COL2 和 COL3 控制右面汉字的字模输出。另外，根据汉字字模存储结构，左汉字在前，右汉字在后，两个汉字字模数据相关 32（0x20）个单元。

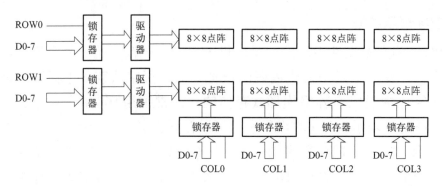

图 4-2　汉字显示控制示意图

由此可见，32×16 点阵汉字扫描显示与控制原理为：16 行中，从第一行开始，每次只让一行对应的点阵亮，并保持亮一会儿，接下来让下一行亮，直到最后一行亮。然后，再从第一行开始，循环往复，一直持续下去……，这样给人的视觉，就像所有的点都同时点亮。

三、点阵汉字显示字模数据提取软件介绍

在编程时，若使用汉字，就必须把点阵汉字对应的数据编写出来，以供输出控制时使用，把汉字对应点阵按一定规律和方式编写出来是一件很繁重的工作。下面介绍的软件就是用来将输入的汉字自动生成字模数据的。

1. 软件进入

首先双击该软件快捷图标 或原始程序 zimo221.exe，该软件将进入它的使用界面（图 4-3）。

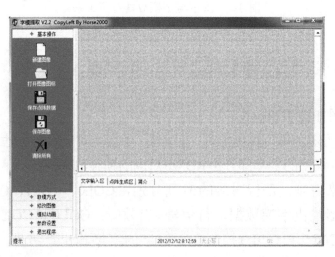

图 4-3　zimo221 点阵字模提取软件界面

2. 参数设置

（1）字体选择　当选择"参数设置"项，再选择"文字输入区字体选择"项时，进入下一个界面（图4-4）。

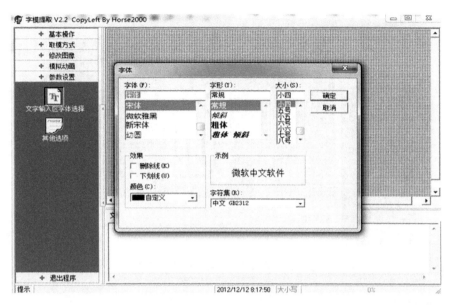

图4-4　字体选择界面

为适应本点阵显示模块，可选择宋体、常规、小四等参数。

（2）其他选择　当选择"其他"选项时，软件进入下个界面（图4-5）。

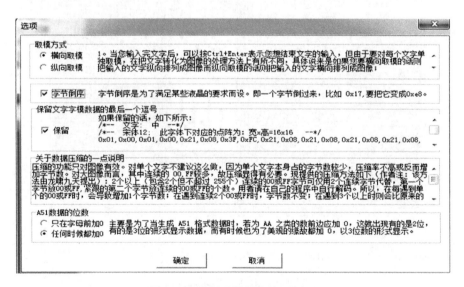

图4-5　选择"其他"选项界面

进入此界面后，选择横向取模方式、字节倒序（如在液晶上显示则选纵向），其他参数不变。

3. 汉字输入

在汉字区输入要求显示的汉字,并以Ctrl+Enter结束,将出现下一界面(图4-6)。

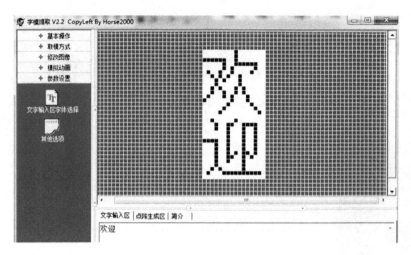

图4-6 输入汉字后形成的点阵图

4. 生成字模

点击"取模方式",然后再选择C51格式,则进入下个界面(图4-7)。

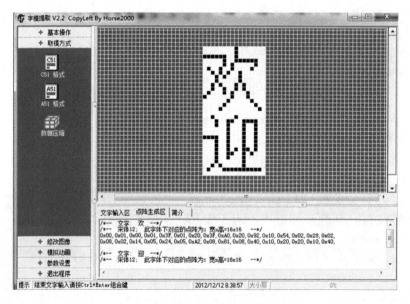

图4-7 生成字模数据界面

5. 取字模数据

将生成的字模数据拷贝到程序中的数组中即可完成操作。

一、硬件电路设计

1. 设计思路

本设计通过AT89S52单片机芯片，连接8块8×8点阵，实现汉字和数字显示的功能。汉字选用16×16字模形式，所以8块8×8点阵可以显示两个汉字，排列成2行4列的方式。要使得单片机的输出能够驱动点阵正常发光，需要加装驱动芯片，通常可以选择74LS373系列锁存器。本任务选用6只锁存器芯片，分别控制行（2行）和列（4列）共8块点阵。

2. 电路设计

点阵显示模块接口电路如图4-8所示。

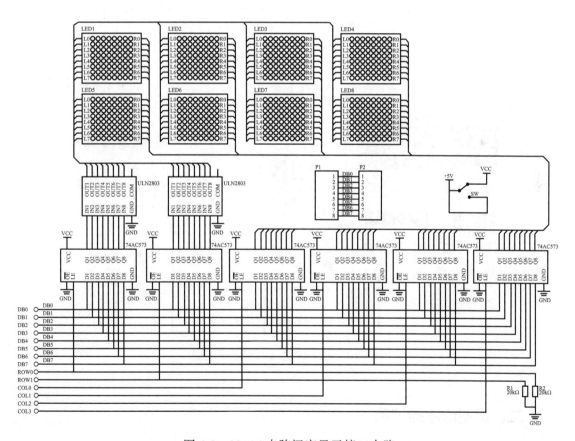

图4-8　32×16点阵汉字显示接口电路

3. 实训接线电路图（图4-9）及实物接线图（图4-10）

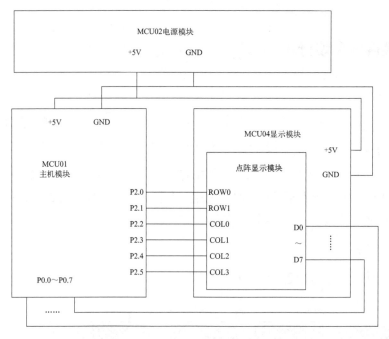

图 4-9　各模块之间的接线电路图

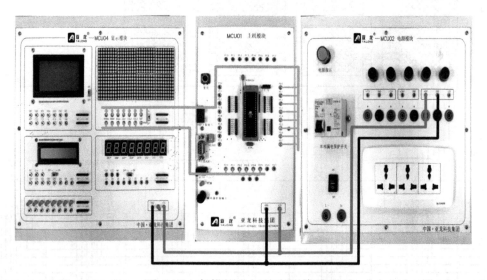

图 4-10　各模块之间的实际接线图

二、控制程序的编写

1. 绘制程序流程图

本任务程序采用循环结构语句，采用逐行扫描方式，流程图如图4-11所示。

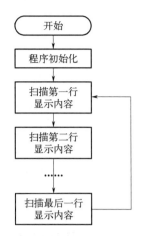

图 4-11 点阵显示流程图

2.编写程序（参考）

```
#include <REGX52.h>
code hanzi[][32]={//横向取模，字节倒序
/*--  文字：欢  --*/
/*--  宋体12；  此字体下对应的点阵为：宽x高=16x16    --*/
{0x00,0x01,0x00,0x01,0x3F,0x01,0x20,0x3F,0xA0,0x20,0x92,0x10,0x54,0x02,0x28,0x02,
0x08,0x02,0x14,0x05,0x24,0x05,0xA2,0x08,0x81,0x08,0x40,0x10,0x20,0x20,0x10,0x40},
/*--  文字：迎  --*/
/*--  宋体12；  此字体下对应的点阵为：宽x高=16x16    --*/
{ 0x00,0x00,0x04,0x01,0xC8,0x3C,0x48,0x24,0x40,0x24,0x40,0x24,0x4F,0x24,0x48,0x24,
0x48,0x24,0x48,0x2D,0xC8,0x14,0x48,0x04,0x08,0x04,0x14,0x04,0xE2,0x7F,0x00,0x00}
};
void delay(unsigned char i j)   //延时函数
{
    unsigned char i,j;
    for (i=0;i<ij;i++)
    for (j=0;j<255;j++);
}
void zi_hanzi(void)
{
    unsigned char asd;
    unsigned int k=0x0001;
    for(asd=0;asd<32;asd=asd+2)
    {
        P0=0;   //所有行都灭
```

```c
        P2_0=1;
        P2_1=1;
        P2_0=0;
        P2_1=0;
        P0=hanzi[0][asd];    //取第一个汉字字模左半个字
        P2_2=1;
        P2_2=0;
        P0=hanzi[0][asd+1];  //取第一个汉字字模右半个字
        P2_3=1;
        P2_3=0;
        P0=hanzi[1][asd];    //取第二个汉字字模左半个字
        P2_4=1;
        P2_4=0;
        P0=hanzi[1][asd+1];  //取第二个汉字字模右半个字
        P2_5=1;
        P2_5=0;
        P0=(unsigned char)(k>>8);   //高8行输出
        P2_1=1;
        P2_1=0;
        P0=(unsigned char)(k&0xFF); //低8行输出
        P2_0=1;
        P2_0=0;
        k<<=1;
        delay(1);
    }
}
void main(void)
{
    while(1)
    {
        zi_hanzi();
    }
}
```

三、程序编译与调试

1. 运行KEIL软件
2. 新建KEIL工程项目

3. 工程的设置

4. 建立程序源文件

5. 将程序文件添加至工程项目

6. 编译与连接

7. 将编译后的程序进行软件仿真与调试，写入单片机芯片（图4-12、图4-13）

8. 程序下载及运行

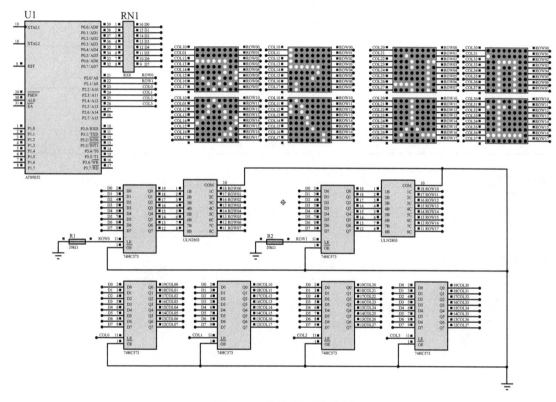

图 4-12　点阵显示仿真图

图 4-13　点阵显示实际运行效果

任务评价

使用考核评价表(表4-1)进行任务评价。

表 4-1 考核评价表

考核内容	硬件部分				软件部分				职业操守				其他
评价	点阵显示屏控制模块选择、接线工艺				点阵显示屏控制程序编写、运行调试				安全、协助、文明操作				
	优	良	中	差	优	良	中	差	优	良	中	差	
综合评分													
收获体会													

注:在"优、良、中、差"下面的框中用"√"选择评价等级

动脑筋

点阵显示的控制内容为显示自己的名字(2个字),如何修改程序?

作业

编写程序题

显示"学校"二字,编写程序。

任务二　静态显示广告屏控制

任务目标

1. 了解LCD1602液晶显示模块的工作原理。
2. 掌握LCD1602与单片机之间的接口和编程控制方法。
3. 能够编写LCD1602控制程序，并能使LCD1602静态显示信息。
4. 能够自主完成LCD1602静态显示硬件电路的搭建。
5. 实操中具有科学的思维方法、创新精神、实践能力和继续学习新技术的能力。

任务内容

液晶显示屏广泛应用于各种电子设备中，如计算器、数字万用表、电子表、户外广告屏、计算机显示屏和电视机。本任务利用单片机AT89S52芯片和LCD1602液晶显示模块作为显示屏，设计一个静态显示广告屏。第一行静态显示"hello world!"。设计电路并编程实现。

任务分析

应用AT89S52芯片和LCD1602液晶显示模块，设计一个静态显示广告屏。第一行静态显示"hello world!"。完成本任务需要学习LCD1602液晶显示模块的工作原理、LCD1602与单片机之间的接口和编程控制方法；识读电路图，绘制程序流程图，编写程序，绘制仿真电路图并进行仿真调试，下载程序。

知识准备

一、LCD1602液晶显示模块介绍

1. LCD1602主要技术参数

显示容量：16×2个字符。
芯片工作电压：4.5～5.5V。
工作电流：2.0mA (5.0V)。
模块最佳工作电压：5.0V。

字符尺寸：2.95mm×4.35mm（W×H）。

2.引脚功能说明

LCD1602采用标准的14脚（无背光）或16脚（带背光）接口，各引脚接口见图4-14。

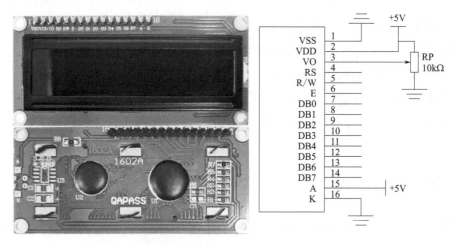

图4-14　LCD1602引脚接口图

第1脚：VSS为地。

第2脚：VDD接5V正电源。

第3脚：VO为液晶显示器对比度调整端，接正电源时对比度最弱，接地时对比度最高，对比度过高时会产生"鬼影"，使用时可以通过一个10kΩ的电位器调整对比度。

第4脚：RS为寄存器选择，高电平时选择数据寄存器，低电平时选择指令寄存器。

第5脚：R/W为读写信号线，高电平时进行读操作，低电平时进行写操作。当RS和R/W共同为低电平时可以写入指令或者显示地址，当RS为低电平、R/W为高电平时可以读忙信号，当RS为高电平、R/W为低电平时可以写入数据。

第6脚：E端为使能端（EN），当E端由高电平跳变成低电平时，液晶模块执行命令。

第7～14脚：DB0～DB7为8位双向数据线。

第15脚：背光正极。

第16脚：背光负极。

二、LCD1602使用说明

日常生活中人与人是如何沟通的？沟通之前一般先要打个招呼，比如"你好"，电话里面要先讲个"喂？"，之后才进入沟通正题。其实单片机与LCD1602的沟通方式也一样，"喂？"在这个例子里面就叫初始化。打完招呼后，就开始进入真正主题了。LCD1602是显示模块，显示内容来自单片机，单片机让它显示什么它就显示什么。

在这个过程中需要解决三个问题：如何初始化，如何传送显示的内容（显示什么），在哪里显示。

单片机与LCD1602之间的沟通是通过与单片机相连接的电路（图4-15）实现的。

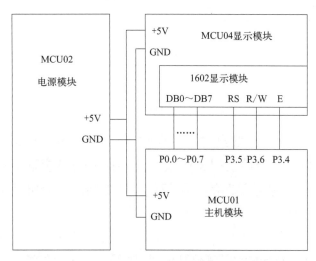

图 4-15　LCD1602与单片机连接接线电路原理图

1. LCD1602初始化

初始化过程为：

延时15ms；

写指令38H；

延时5ms；

写指令38H；

写指令08H；

写指令01H；

写指令06H；

写指令0CH。

写指令通过图4-15中的10根线来完成，DB0～DB7一共8根线用来存放指令的内容。LCD1602需要判断单片机给它的是指令还是数据（指令是什么，在哪里显示，屏幕清零；数据是什么，显示什么内容，显示A还是B）。LCD1602看到RS为高时，要通过P0端口把这些数据拿过来；看到RS为低时，判断为指令。通过这种方式，单片机能准确地传递命令或者数据信息，实现与 LCD1602 的沟通。

注意：LCD1602 收到命令不能立即执行，还要等另外一个信号，就是 EN 使能信号。此时 EN 输出一个一定宽度的脉冲信号，LCD1602 就开始执行（图 4-16）。

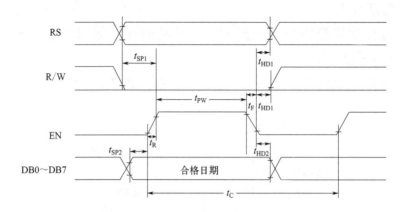

图 4-16　LCD1602 时序图

时序图如图 4-16 所示，这里少了 R/W 信号（用于控制从 LCD1602 读取还是写入），为了简化过程，在硬件上把 R/W 接地了，也就是只能写不能读。同时，读忙信号也不能操作，这里采用延时的方法替代。根据前面的分析写出写命令的代码：

```
void write_com(unsigned char mycmd)
{
    delayMs(5);  //注意这里需要延时5ms比较保险，代替判断忙信号
    P0=mycmd;  //准备好指令
    RS=0;  //告诉LCD1602，P0中放的是指令不是数据
    EN=1;
    delayUs(5);  //根据时序图，脉冲要有一定宽度
    EN=0;  //使能指令有效，开始执行
}
```

同样的道理，以上代码中，只需改一下 RS 信号为 1，就是写数据的代码了：

```
void write_com(unsigned char mydata)
{
    delayMs(5);  //注意这里需要延时5ms比较保险，代替判断忙信号
    P0=mycmd;  //准备好指令
    RS=1;  //告诉LCD1602，P0中放的是数据不是指令
    EN=1;
    delayUs(5);  //根据时序图，脉冲要有一定宽度
    EN=0;  //使能指令有效，开始执行
}
```

2. 在哪里显示（图4-17）

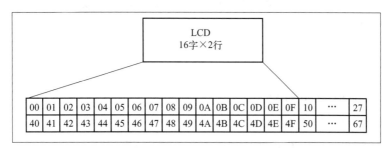

图 4-17　LCD1602 显示示意图

在图4-17中，例如第二行第一个字符的地址是40H，那么是不是它的地址就是40H了？注意，图中第8条数据存储地址，最终的显示地址是40H+10000000B，因此只要把这个值传给mycod，LCD1602就知道在第二行第一个位置显示了，即：0x40+0x80为第二行第一位置；0x00+0x80为第一行第一位置。

3. 显示什么（表4-2）

如果传送数据就是要显示的内容，比如要显示字母A，怎么操作呢？

表 4-2　数据显示对照表

低位	高位											
	0000	0010	0011	0100	0101	0110	0111	1010	1011	1100	1101	1110	1111
××××0000	CGRAM(1)		0	ə	P	\	p		—	タ	三	α	P
××××0001	(2)	!	1	A	Q	a	q	。	ア	チ	ム	ā	q
××××0010	(3)	"	2	B	R	b	r	「	イ	ツ	メ	β	θ
××××0011	(4)	#	3	C	S	c	s	」	ウ	テ	モ	ε	∞
××××0100	(5)	$	4	D	T	d	t	、	エ	ト	セ	μ	Ω
××××0101	(6)	%	5	E	U	e	u	·	オ	ナ	ユ	σ	Ö
××××0110	(7)	&	6	F	V	f	v	ヲ	カ	ニ	ヨ	ρ	Σ
××××0111	(8)	'	7	G	W	g	w	ア	キ	ヌ	ラ	g	π
××××1000	(1)	(	8	H	X	h	x	イ	ク	ネ	リ	√	X
××××1001	(2)	)	9	I	Y	i	y	ウ	ケ	ノ	ル	¹	y
××××1010	(3)	*	:	J	Z	j	z	エ	コ	ハ	レ	j	千
××××1011	(4)	+	;	K	[	k	(	オ	サ	ヒ	ロ	x	万
××××1100	(5)	'	<	L	¥	l	|	セ	シ	フ	ワ	¢	円
××××1101	(6)	—	=	M	]	m	)	ユ	ス	ヘ	ン	£	÷
××××1110	(7)	.	>	N	^	n	→	ヨ	ヒ	ホ	ハ	ñ	

由表4-2可以知道,如果要显示A,那么数据的高位为0100,低位为0001,因此为01000001。把这个数据传送给LCD1602,它就知道要显示A了。

附参考代码如下:

```c
#include
void LCD_init(void);
void delayUs(unsigned char t);
void delayMs(unsigned char t);
void write_com(unsigned char mycmd);
void write_data(unsigned char mydata);
sbit RS=P2^7;
sbit EN=P2^6;
void main(void)
{
    LCD_init();
    write_com(0x0f);
    write_data(0x41);
    while(1);
}
void LCD_init(void)
{
    delayMs(15);
    write_com(0x38);
    delayMs(5);
    write_com(0x38);
    write_com(0x08);
    write_com(0x01);
    write_com(0x06);
    write_com(0x0c);
}
void delayUs(unsigned char t)
{
    while(--t);
}
void delayMs(unsigned char t)
{
```

```
        while(--t)
    {
        delayUs(245);
        delayUs(245);
    }
}
void write_com(unsigned char mycmd)
{
    delayMs(5); //注意这里需要延时5ms比较保险,代替判断忙信号
    P0=mycmd; //准备好指令
    RS=0; //告诉LCD1602,P0中放的是指令不是数据
    EN=1;
    delayUs(5); //根据时序图,脉冲要有一定宽度
    EN=0; //使能指令有效,开始执行
}
void write_data(unsigned char mydata)
{
    delayMs(5); //注意这里需要延时5ms比较保险
    P0=mydata;
    RS=1;
    EN=1;
    delayUs(5);
    EN=0;
}
```

 任务实施

一、硬件电路设计

1.设计思路

本设计通过AT89S52单片机芯片,连接LCD1602液晶显示模块,实现静态显示广告屏控制的功能。液晶模块LCD1602的数据口接至单片机的P0口,液晶模块的控制端口接至单片机的P3.4、P3.5、P3.6。

2.电路设计(图4-18)

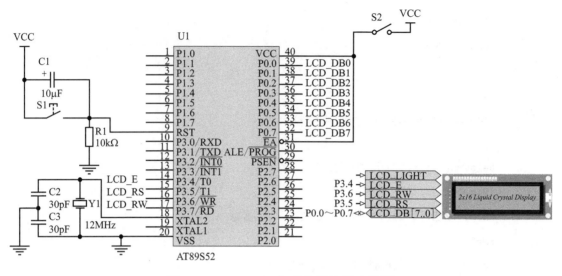

图4-18　LCD1602与单片机连接电路图

3.连接电路

实物接线如图4-19所示。

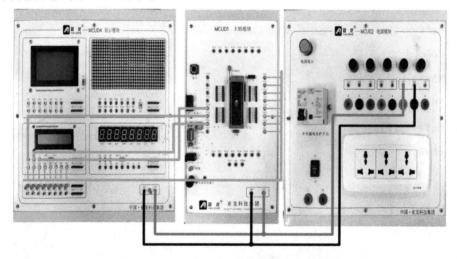

图4-19　LCD1602与单片机实物接线图

二、控制程序的编写

1. 绘制程序流程图（图4-20）

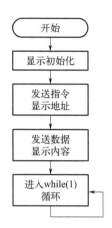

图 4-20　LCD1602 静态显示程序流程图

2. 编写程序

```
#include <reg51.h>

#define LCD_data P0
sbit RS=P3^5;
sbit EN=P3^4;
sbit RW=P3^6;

void delay(unsigned int i)
{
    while(i--);
}

void write_com(unsigned char com)
{
    RS=0;
    RW=0;
    LCD_data=com;
    EN=1;
    delay(100);
```

```c
        EN=0;
    }

    void write_data(unsigned char dat)
    {
        RS=1;
        RW=0;
        LCD_data=dat;
        EN=1;
        delay(100);
        EN=0;
    }

    void init()
    {
        write_com(0x38);
        write_com(0x0c);
        write_com(0x06);
        write_com(0x01);
    }

    void main()
    {
        unsigned char hello[15]="hello world!";
        unsigned char i;
        init();

        for(i=0; i<15; i++)
        {
            write_data(hello[i]);
        }

        while(1);
    }
```

三、程序编译与调试

1. 运行KEIL软件
2. 新建KEIL工程项目
3. 工程的设置
4. 建立程序源文件
5. 将程序文件添加至工程项目
6. 编译、连接
7. 将编译后的程序进行软件仿真与调试,写入单片机芯片(图4-21)

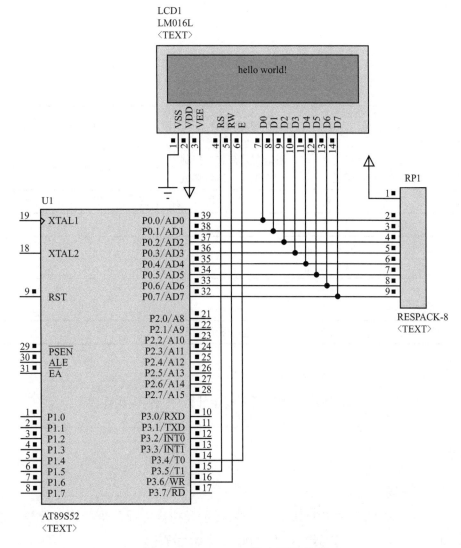

图4-21　LCD1602静态显示仿真

8. 程序下载及运行（图4-22）

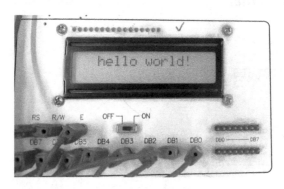

图 4-22　LCD1602 静态显示效果

任务评价

使用考核评价表（表4-3）进行任务评价。

表 4-3　考核评价表

考核内容	硬件部分				软件部分				职业操守				其他
评价	静态显示广告屏控制模块选择、接线工艺				静态显示广告屏控制程序编写、运行调试				安全、协助、文明操作				
	优	良	中	差	优	良	中	差	优	良	中	差	
综合评分													
收获体会													
注：在"优、良、中、差"下面的框中用"√"选择评价等级													

动脑筋

LCD1602如何初始化？在哪里显示？显示什么？如何编写程序？

作业

编写程序题

应用AT89S52芯片和LCD1602液晶显示模块作为显示屏，第一行静态显示"Happy Birthday"，第二行显示"My friend"。编写程序。

LCD1602 控制指令

LCD1602信号真值表见表4-4。LCD1602液晶模块内部的控制器共有11条控制指令，见表4-5。

表4-4 LCD1602信号真值表

RS	R/W	E	功能
0	0	下降沿	写指令代码
0	1	高电平	读忙标志和AC值
1	0	下降沿	写数据
1	1	高电平	读数据

表4-5 LCD1602字符型液晶显示模块指令集

指令	RS	R/W	DB7	DB6	DB5	DB4	DB3	DB2	DB1	DB0	功能	执行时间
1.清屏	0	0	0	0	0	0	0	0	0	1	清除DDRAM和AC值，光标复位	1.64μs
2.归位	0	0	0	0	0	0	0	0	1	*	AC=0，光标复位、DDRAM内容不变	1.64μs
3.输入方式设置	0	0	0	0	0	0	0	1	1	1	数据读、写操作后，AC值自动加一：画面平移	40μs
									1	0	数据读、写操作后，AC值自动加一：画面不动	
									0	1	数据读、写操作后，AC值自动减一：画面平移	
									0	0	数据读、写操作后，AC值自动减一：画面不动	
4.显示开关控制	0	0	0	0	0	0	1	0	0	0	显示关，光标关，闪烁关	40μs
								0	0	1	显示关，光标关，闪烁开	
								0	1	0	显示关，光标开，闪烁关	
								0	1	1	显示关，光标开，闪烁开	
								1	0	0	显示开，光标关，闪烁关	
								1	0	1	显示开，光标关，闪烁开	
								1	1	0	显示开，光标开，闪烁关	
								1	1	1	显示开，光标开，闪烁开	
5.光标、画面位移	0	0	0	0	0	1	0	0	*	*	光标向左平移一个字符位，AC值减1	40μs
							0	1	*	*	光标向右平移一个字符位，AC值加1	
							1	0	*	*	画面向左平移一个字符位，但光标不动	
							1	1	*	*	画面向右平移一个字符位，但光标不动	
6.功能设置	0	0	0	0	1	0	0	0	*	*	四位数据接口，一行显示，5×7点阵	40μs
							0	1	*	*	四位数据接口，一行显示，5×10点阵	
							1	0	*	*	四位数据接口，两行显示，5×7点阵	
							1	1	*	*	四位数据接口，两行显示，5×10点阵	
						1	0	0	*	*	八位数据接口，一行显示，5×7点阵	
						1	0	1	*	*	八位数据接口，一行显示，5×10点阵	
						1	1	0	*	*	八位数据接口，两行显示，5×7点阵	
						1	1	1	*	*	八位数据接口，两行显示，5×10点阵	
7.CGRAM地址设置	0	0	0	1	A5	A4	A3	A2	A1	A0	设置CGRAM地址。A5～A0=0～3FH	40μs
8.DDRAM地址设置	0	0	1	A6	A5	A4	A3	A2	A1	A0	设定下一个要存入数据的DDRAM的地址	40μs
9.读BF及AC值	0	1	BF	AC6	AC5	AC4	AC3	AC2	AC1	AC0	BF=1：忙；BF=0：准备好。AC值意义为最近一次地址设置（CGRAM或DDRAM）定义	40μs
10.写数据	1	0	数据								数据写入DDRAM或CGRAM内	40μs
11.读数据	1	1	数据								读取DDRAM或CGRAM中的内容	40μs

注：表中*表示任意取0或1都可以。

LCD1602液晶模块的读写操作、屏幕和光标的操作都是通过指令编程来实现的（说明：1为高电平、0为低电平）。

指令1：清显示，指令码01H，光标复位到地址00H位置。

指令2：光标复位，光标返回到地址00H。

指令3：光标和显示模式设置。I/D：光标移动方向，高电平右移，低电平左移。S：屏幕上所有文字是否左移或者右移，高电平表示有效，低电平则无效。

指令4：显示开关控制。D：控制整体显示的开与关，高电平表示开显示，低电平表示关显示。C：控制光标的开与关，高电平表示有光标，低电平表示无光标。B：控制光标是否闪烁，高电平闪烁，低电平不闪烁。

指令5：光标或显示移位。S/C：高电平时移动显示的文字，低电平时移动光标。

指令6：功能设置命令。DL：高电平时为4位总线，低电平时为8位总线。N：低电平时为单行显示，高电平时为双行显示。F：低电平时显示5×7的点阵字符，高电平时显示5×10的点阵字符。

指令7：字符发生器RAM地址设置。

指令8：DDRAM地址设置。

指令9：读忙信号和光标地址。BF：为忙标志位，高电平表示忙，此时模块不能接收指令或者数据，如果为低电平表示不忙。

指令10：写数据。

指令11：读数据。

需要给LCD1602什么指令，只需要传递给void write_com（unsigned char mycmd）函数中的mycmd参数就行了。

任务三　滚动显示广告屏控制

任务目标

1. 掌握LCD1602控制指令以及编程方法。
2. 能够正确使用LCD1602编写液晶动态显示。
3. 能够使用中断编写LCD1602控制程序，并能使LCD1602动态显示信息。
4. 实操中具有科学的思维方法、创新精神、实践能力和继续学习新技术的能力。

任务内容

液晶显示是集单片机技术、微电子技术、信息处理技术于一体的新型显示方式。由于液晶显示屏具有低压、低功耗、显示信息量大、易于彩色化、无电磁辐射、寿命长、无污染等特点，现已经应用到军事、体育、新闻、金融、证券、广告以及交通运输等许多行业，大到几十平方米的大屏幕，小到家庭影院用的图文显示屏。本任务利用单片机AT89S52芯片和LCD1602液晶显示模块作为显示屏，设计一个动态显示广告屏，滚动显示"hello welcome to BeiJing"。设计电路并编程实现。

任务分析

应用AT89S52芯片和LCD1602液晶显示模块作为显示屏，设计一个动态显示广告屏，滚动显示"hello welcome to BeiJing"。完成本任务需要学习有关中断的知识、LCD1602液晶显示模块的工作原理、LCD1602与单片机之间的接口和编程控制方法；识读电路图，绘制程序流程图，编写程序，绘制仿真电路图，仿真调试，下载程序。

知识准备

一、定时与计数

1. 计数概念

同学们选班长时要投票，然后统计选票，常用的方法是画"正"，每个

"正"字五划，代表五票，最后统计"正"字的个数即可，这就是计数。单片机有两个定时器/计数器T0和T1，都可对外部输入脉冲计数。

2. 计数器的容量

我们用一个瓶子盛水，水一滴滴地滴入瓶中，水滴不断落下，瓶的容量是有限的，过一段时间之后，水就会逐渐变满，再滴就会溢出。单片机中的计数器也一样，T0和T1这两个计数器分别是由两个8位的RAM单元组成的，即每个计数器都是16位的计数器，最大的计数量是65536。

3. 定时

一个钟表，秒针走60次，就是1min，所以时间就转化为秒针走的次数，也就是计数的次数，可见计数的次数和时间有关。只要计数脉冲的间隔相等，则计数值就代表了时间，即可实现定时。秒针每一次走动的时间是1s，所以秒针走60次，就是60s，即1min。

因此，单片机中的定时器和计数器是一个东西，只不过计数器是记录外界发生的事情，而定时器则是由单片机提供一个非常稳定的计数源。

4. 溢出

上面我们举的例子，水滴满瓶子后，再滴就会溢出，单片机计数器溢出后将使TF0变为"1"，一旦TF0由0变成1，就是产生了变化，就会引发事件，就会申请中断。

5. 任意定时及计数的方法

计数器的容量是16位，也就是最大的计数值到65536，计数计到65536就会产生溢出。如果计数值要小于65536，怎么办呢？一个空的瓶子，要10000滴水滴进去才会满，我们在开始滴水之前就先放入一些水，就不需要10000滴了。比如先放入2000滴，再滴8000滴就可以把瓶子滴满。在单片机中，也采用类似的方法，称为"预置数"的方法，我们要计1000，那就先放进64536，再来1000个脉冲，不就到65536了吗？定时也是如此。

二、定时/计数程序的编写方法

1. 初始化程序的编写方法基本步骤

（1）设置工作方式（TMOD=?）。

（2）设置定时器/计数器的初值，写入T0（TH0、TL0）、T1（TH1、TL1）。

（3）开启总中断（EA=1）。

（4）开启定时/计数中断（ET0=1或ET1=1）。

（5）开动定时器/计数器工作（TR0=1或TR1=1）。

程序举例：用定时器T0（方式1）定时10ms（假设单片机晶振频率为12MHz），程序见表4-6。

表4-6 程序和注释

程序代码	注释
| ```
void main(void)
{
    TMOD=0x01；
    TH0=-10000/256；
    TL0=-10000%256；
    EA=1；
    ET0=1；
    TR0=1；
}
``` | //采用定时器T0方式1<br>//定时器时间常数高8位<br>//定时器时间常数低8位<br>//开启总中断<br>//开启定时器T0中断<br>//启动定时器T0开始定时 |

2. 中断服务函数的编写方法

程序举例：定时器T0中断服务函数每20ms产生一次中断。

```
/*------------定时器T0中断服务函数-------------*/
Timer() interrupt 1 using 0    //interrupt 1 定时器 T0 中断，using 0 采用内部寄存
                               器组R0
{
  TH0=-20000/256；              //重装定时器时间常数初值
  TL0=-20000%256；
  …………
}
```

上面这段程序中，"interrupt 1"表示该中断服务函数为定时器T0中断，因为定时器T0的中断号为1；"using 0"表示中断服务函数采用内部寄存器组R0，单片机内部共有R0~R3四个寄存器组，不同的中断服务函数最好采用不同的寄存器组。

在定时器T0方式1下，每中断一次需要重新装载定时器T0的时间常数初值，为下一次中断做好准备。

项目四 显示屏控制
```

一、硬件电路设计

1. 设计思路

本设计通过AT89S52单片机芯片，连接LCD1602液晶显示模块，实现滚动显示广告屏控制的功能。液晶模块LCD1602的数据端口接至单片机的P0口，液晶模块的控制端口接至单片机的P3.4、P3.5、P3.6。

2. 电路设计（图4-23）

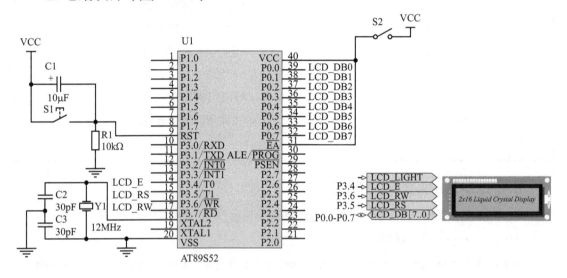

图 4-23　电路原理图

3. 连接电路（图4-24）

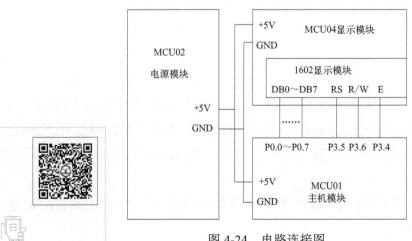

图 4-24　电路连接图

实物接线如图4-25所示。

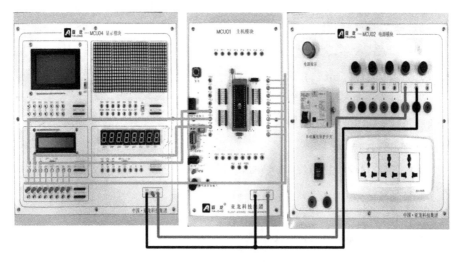

图 4-25 实物接线图

二、控制程序的编写

1. 绘制程序流程图（图4-26）

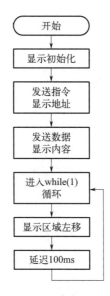

图 4-26 LCD1602 动态显示程序流程图

2. 编写程序

```
#include <reg51.h>

#define LCD_data P0
```

```c
sbit RS=P3^5;
sbit EN=P3^4;
sbit RW=P3^6;

void delay(unsigned int t)
{
    int i,j;
    for(i=0;i<t;i++)
        for(j=0;j<123;j++);
}

void write_com(unsigned char com)
{
    RS=0;
    RW=0;
    LCD_data=com;
    EN=1;
    delay(100);
    EN=0;
}

void write_data(unsigned char dat)
{
    RS=1;
    RW=0;
    LCD_data=dat;
    EN=1;
    delay(100);
    EN=0;
}

void init()
{
    write_com(0x38);
    write_com(0x0c);
    write_com(0x06);
```

```c
        write_com(0x01);
}

void main()
{
    unsigned char hello[26]="hello welcome to BeiJing";
    unsigned char i;
    init();

    for(i=0; i<26; i++)
    {
        write_data(hello[i]);
    }

    while(1)
    {
        write_com(0x18);
        delay(100);
    }
}
```

三、程序编译与调试

1. 运行KEIL软件
2. 新建KEIL工程项目
3. 工程的设置
4. 建立程序源文件
5. 将程序文件添加至工程项目
6. 编译、连接
7. 将编译后的程序进行软件仿真与调试，写入单片机芯片（图4-27）
8. 程序下载及运行（图4-28）

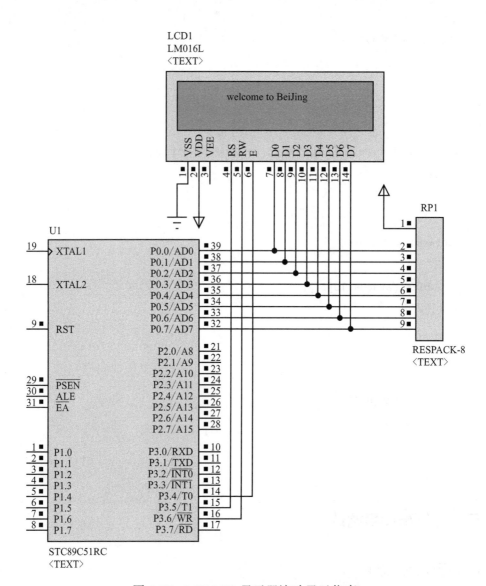

图 4-27 LCD1602 显示器滚动显示仿真

图 4-28 LCD1602 显示器滚动显示效果

任务评价

使用考核评价表（表4-7）进行任务评价。

表4-7 考核评价表

考核内容	硬件部分				软件部分				职业操守				其他
评价	滚动显示广告屏控制模块选择、接线工艺				滚动显示广告屏控制程序编写、运行调试				安全、协助、文明操作				
	优	良	中	差	优	良	中	差	优	良	中	差	
综合评分													
收获体会													

注：在"优、良、中、差"下面的框中用"√"选择评价等级

动脑筋

在本任务的基础上，为其设计两个按键SW1、SW2，按下SW1屏幕显示左移，按下SW2屏幕内容右移。如何完成程序流程图的设计并编写程序？

作业

编写程序题

应用AT89S52芯片和LCD1602液晶显示模块作为显示屏，第一行滚动显示"Hello, Welcome"，第二行滚动显示时间，格式要求"00:00:00"。

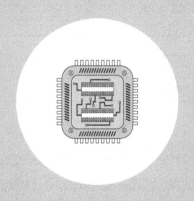

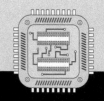

项目五
电动机控制

项目概述

当今,自动控制系统被广泛地应用于人类社会的各个领域中,例如家用的全自动洗衣机的进排水、洗涤和脱水的控制就是一个自动控制系统。一般的自动控制系统主要由传感器、控制器和执行器三大功能部件组成,俗称"三器"。

控制器是自动控制系统的核心。它负责对控制信号进行分析与处理,使系统按用户的要求去运行。常见的控制器有单片机、可编程逻辑控制器(PLC)、工业PC等。

传感器是一种探测装置,用于探测和感受外界的信号、物理条件(如光、热、声、化学组成、烟雾),并将感知的信息转换为电信号,提供给控制器进行分析处理。常见的传感器有光电传感器、温度传感器、压力传感器、电容传感器、电感传感器等。

执行器是自动控制系统的执行设备,按系统输出的控制指令工作,实现系统功能。常见的执行器是各种电动机,如交流电动机、直流电动机、步进电动机、伺服电动机等。交/直流电动机是电气控制中最常见的电气设备,根据对机械设备的控制需要,经常要进行正反转控制。

本项目通过单片机控制直流电动机的正反转、控制步进电动机的正反转等任务,介绍单片机控制电动机的控制电路、单片机对各种电动机的控制方法,以及用C语言编写程序的基本方法。

项目目标

1. 了解继电器的结构及工作原理。
2. 掌握直流电动机的运行方式及控制原理和方法。
3. 掌握使用51单片机和C语言编写直流电动机正反转控制程序的方法和步骤。
4. 了解步进电动机的结构及工作原理。
5. 掌握步进电动机的控制原理,能实现各模块之间接线。
6. 能够用51单片机、C语言编写步进电动机运转控制程序。
7. 培养认真细致、实事求是、积极探索的科学态度和工作作风,理论联系实际、自主学习和探索创新的良好习惯。

任务一　直流电动机正反转控制

任务目标

1. 了解继电器的结构及工作原理。
2. 掌握直流电动机的运行方式及控制原理和方法。
3. 能够用51单片机、C语言编写直流电动机正反转控制程序。
4. 培养认真细致、实事求是、积极探索的科学态度和工作作风。

任务内容

电动机控制方式有多种，控制的器件或实现的方法有多种，用单片机控制的电动机电路具有电路简单、成本低、工作稳定可靠等一系列优点，而且很容易成功实现。本任务利用单片机和人通过键盘对直流电动机的正反转进行控制。具体要求是：当人按SB1时，直流电动机开始转动或停止；当人按SB2时，直流电动机转动方向改变。

任务分析

本任务直流电动机正反转是通过改变加在电枢上的电压极性来实现的，只要改变电动机电压极性，电动机就会改变转向。将两个继电器的常开和常闭开关串到直流电动机电枢回路中，通过控制继电器线圈回路，进而控制电动机两端的电压极性。具体接法是：24V电源正极同时接到一个继电器的NC和另一个继电器的NO上；而24V电源负极则同时接到一个继电器的NO和另一个继电器的NC上。这样就可以控制电动机正反转了。

 知识准备　键盘输入原理（独立键盘）

一、独立键盘作用与电路

独立键盘接口电路如图5-1所示。它是用单片机去读取当前I/O口的状态，是单片机获取信息的基础。

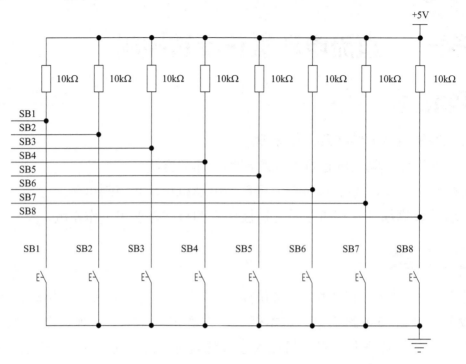

图 5-1 独立键盘接口电路

二、按键电信号分析

按键是人手的机械动作,相对于单片机而言,其等待时间是很漫长的。按键时的输入信号波形如图 5-2 所示。

图 5-2 按键抖动波形

从图 5-2 可以看到,在使用机械按键时会产生按键的消抖问题。因为当一个按键被按下时会有图 5-2 所示波形产生,这个波形就是机械按键在按下时两触点接触产生的毛刺。如果没有进行消抖,就有可能一次按键被认为是多次,导致异常情况发生。常用的消抖方法是在第一次判断按键被按下后延时 5～10ms,然后再判断按键状态,如果状态相同说明按键确实被按下,不是抖动;同样在抬起键时,也需要延时 5～10ms。因此,在输入按键状态时,必须考虑防抖动问题。

任务实施

一、硬件电路设计

1. 直流电动机控制接口电路（图5-3）

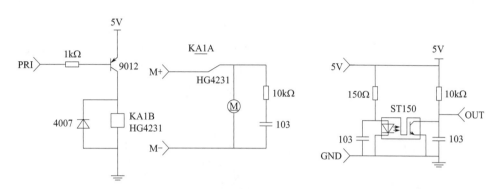

图5-3　直流电动机控制接口电路

由图5-3可以看出：

① M+、M-端为电动机电源接线端，电压为24V。如直接接入24V电压，则电动机就会立即转动。

② 电动机电路中串一继电器的常闭接点，可用于控制电动机停转（当PRI为"0"时电动机电枢回路断开）。

③ 如果M+、M-端的电源对换极性，电动机则反转。

④ OUT端为脉冲输出端，当电动机上轮孔经过底部时，就会有一个脉冲输出（转动电动机轮子，同时用万用表的直流电压挡检测进行验证）。

继电器模块接口电路如图5-4所示。

从图5-4中可以看出，Ki端是输入端，继电器输出端为COM、NO和NC三个，其中COM和NO为一对常开，COM和NC为一对常闭。本模块共有6个直流继电器。其中ULN2003为一多输入多输出的达林顿管，是驱动继电器线圈的；在输入与输出之间有光电耦合器相隔离，防止输入和输出之间的互相干扰。

2. 电路设计（图5-5）

3. 连接电路（图5-6）

实物接线如图5-7所示。

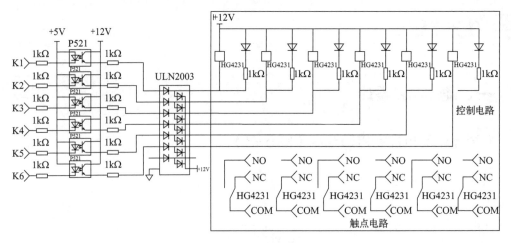

图 5-4 继电器模块接口电路

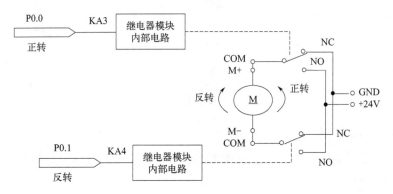

图 5-5 直流电动机正反转控制电路

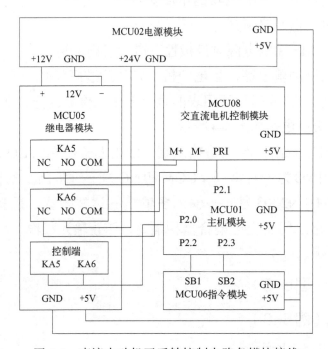

图 5-6 直流电动机正反转控制电路各模块接线

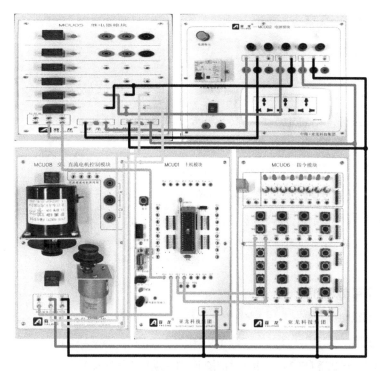

图 5-7 直流电动机正反转控制电路各模块实际接线

二、控制程序的编写

1. 绘制程序流程图（图5-8）

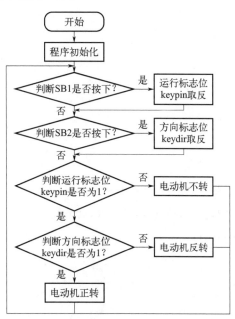

图 5-8 直流电动机正反转控制程序流程图

项目五 电动机控制

2.编制 C 语言程序

参考程序清单:

```c
#include <REGX52.H>
#define uint unsigned int
bit cy=0,keypin=0,keydir=1;
/*
  各变量说明:
  cy=1说明按下键没有释放,为0说明已释放
  keypin用来表示目前运行状态:0 表示停止,1表示运行
  keydir用来表示电动机运行方向:0表示反转,1表示正转
接口说明:
  P2_0  控制电动机方向
  P2_1  控制电动机启停
  P2_2  改变电动机方向键(SB1):0表示此键按下,1说明此键没有按下
  P2_3  运行与停止键(SB2):0表示此键按下,1说明此键没有按下
*/
void delay(uint t)              /*1ms为单位延时函数(延时程序) */
{
  unsigned char i;
  while(t--)
{
      for(i=123;i>0;i--);
    }
}
void KEY()
    {
  P2=P2|0x0C;
    if((cy==1) && ((P2_2==0) || (P2_3==0))) return;
    if((P2_2==1) && (P2_3==1)) { cy=0; return;}
    if((P2_2==0)&&(cy==0))
    {
        keydir=~keydir;
        cy=1;
```

```c
            P2_0=keydir;
            return;
        }
        if((P2_3==0)&&(cy==0))
        {
            keypin=~keypin;
            cy=1;
            P2_1=keypin;
            return;
        }
    }
void main()
{
    P2_0=1;P2_1=0;
    while(1)
    {
        KEY();
        delay(50);
    }
}
```

三、程序编译与调试

1. 运行KEIL软件

2. 新建KEIL工程项目

3. 工程的设置

4. 建立程序源文件

5. 将程序文件添加至工程项目

6. 编译、连接

7. 程序下载及运行（图5-9）

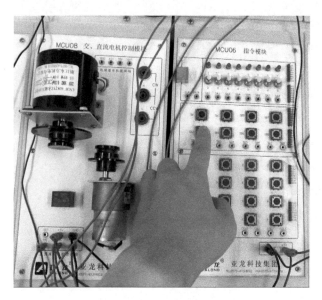

图 5-9　直流电动机正反转实际运行效果

 任务评价

使用考核评价表（表5-1）进行任务评价。

表 5-1　考核评价表

考核内容	硬件及仿真部分				软件部分				职业操守				其他
评价	直流电动机正反转控制模块选择、接线工艺				直流电动机正反转控制程序编写、运行调试				安全、协助、文明操作				
	优	良	中	差	优	良	中	差	优	良	中	差	
综合评分													
收获体会													
注：在"优、良、中、差"下面的框中用"√"选择评价等级													

动脑筋

利用独立按钮控制直流电动机的连续运行（SB1）、点动（SB2）和停止（SB3），如何编写程序？

作业

编写程序题

1. 设计一程序，利用独立按钮SB1控制直流电动机的点动，当按下SB1时，直流电动机正转运行；当松开SB1时，直流电动机停止正转运行。

2. 设计一程序，利用独立按钮控制直流电动机的连续运行（SB1）、点动（SB2）和停止（SB3）。

走近大工匠

我国著名电机专家、教育家、国家首批一级教授钟兆琳先生，是我国电机工业的开拓者与奠基人。从20世纪20年代开始，钟兆琳先生在交通大学承担教学工作60余载，培养了数以万计的科技人才，其中许多人成为知名学者、实业家，如钱学森、王安、褚应璜、丁舜年、张钟俊、周建南等。钟兆琳先生在教学上硕果累累，但他更注重实际应用。1933年由他主持设计、制造了中国第一台交流发电机，与新中动力机器厂制造的柴油机配套，组成了中国第一个发电系统，标志着中国的民族电机工业从此开始启航！由于在理论、教学和工业应用各方面开创性的贡献，钟兆琳先生被誉为"中国电机之父"。

思考：钟兆琳先生的事迹给了你怎样的启示？谈谈理论联系实际的重要性。

任务二 步进电动机控制

任务目标

1. 了解步进电动机的结构及工作原理。
2. 掌握步进电动机的控制原理，能实现各模块之间接线。
3. 能够用51单片机、C语言编写步进电动机运转控制程序。
4. 掌握有关独立键盘的使用方法，以达到人机信息交流和控制的需要。
5. 能够激发起参与专业实践活动的热情，具有将专业知识应用于实际生产生活的意识，敢于尝试解决各种工程问题。

任务内容

步进电动机主要用于一些有定位要求的场合，特别适合要求运行平稳、低噪声、响应快、使用寿命长、高输出扭矩的应用场合。如广泛应用于ATM机、喷绘机、刻字机、写真机、喷涂设备、医疗仪器及设备、计算机外设及海量存储设备、精密仪器、工业控制系统、办公自动化、机器人等领域。本任务的具体要求是：通过启动按钮控制步进电动机启动，通过方向按钮改变电动机旋转方向，通过停止按钮使步进电动机停止旋转（图5-10）。

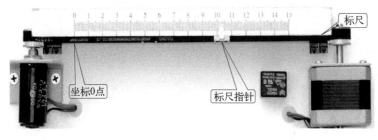

图 5-10 步进电动机标尺

知识准备

一、步进电动机基础知识

1. 步进电动机的概念

一般交直流电动机的转动角度很难控制，对于控制精度要求高的场合很难满足其要求,而步进电动机是一种将电脉冲转化为角位移的执行机构。通俗一点讲:当步进驱动器收到一个脉冲信号,它就驱动步进电动机按设定的方向转动一个固定的角度(即步进角)。因此,可以通过控制脉冲个数控制角位移量,从而达到准确定位的目的;同时,还可以通过控制脉冲频率来控制电动机转动的速度和加速度,从而达到调速的目的。

2. 步进电动机分类

一般分为三种,分别是:永磁式(PM)、反应式(VR)和混合式(HB)。

3. 步进电动机参数介绍

步进电动机驱动模块采用的是两相永磁式感应子式步进电动机,其步进角为1.8°,工作电流1.5A,电阻1.1Ω,电感2.2mH,静力矩2.1kg·cm,定位力矩180g·cm。内部方框图如图5-11所示。

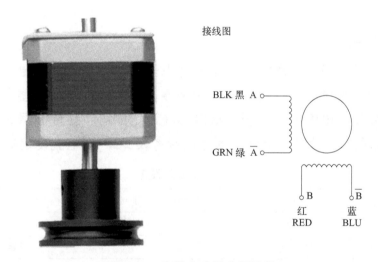

图5-11 步进电动机内部结构

4. 步进电动机的特点

(1)一般步进电动机的精度为步进角的3%～5%且不累积。

(2)步进电动机外表允许的最高温度为80～90℃。

(3)步进电动机的力矩会随转速的升高而下降。

(4)步进电动机低速时可以正常运转,但若高于一定速度就无法启动,并伴有啸叫声。

5. 步进电动机的应用领域

(1)工业机器 步进电动机用于汽车仪表和机床自动化生产设备,机器人制造、检验和工艺流程。

（2）安防　监控产品，例如安防摄像机。

（3）医疗　步进电动机用于医用扫描仪、采样器，还用在数字口腔摄影中见到的液压泵、呼吸机和血液分析仪中。

（4）消费电子　步进电动机在摄像机中提供自动数码相机对焦和变焦功能。此外，还有商用机器应用、电脑周边应用。

二、步进电动机驱动器（SJ-230M2）介绍

1. 作用

步进电动机驱动器是根据计算机或单片机发来的控制信号直接驱动步进电动机的装置。SJ-230M2采用原装进口模块，实现高频斩波，恒流驱动，具有很强的抗干扰性、高频性能好、启动频率高、控制信号与内部信号实现光电隔离、电流可选。

2. 细分数设定

步进电动机的细分技术实质上是一种电子阻尼技术，其主要目的是减弱或消除电动机的低频振动，也可提高运转精度。驱动器是用驱动器上的拨盘开关来设定细分数及相电流的，根据面板的标注设定即可；在控制器频率允许的情况下，尽量选用高细分数，具体设置方法参考表5-2，相电流设定参考表5-3。

表 5-2　细分数设定

拨盘开关设定 ON=0，OFF=1		
细分数设定（位 1、2、3）以 0.9°/1.8°电动机为例		
位 123	细分数	步距角
000	2	0.9°
001	4	0.45°
010	8	0.225°
011	16	0.1125°
100	32	0.05625°
位 4、5 请保持在 OFF 位置		

三、步进电动机控制位移计算

位移计算就是在给定要移动的距离 S 的情况下，计算出控制步进电动机所需要的脉冲数 N。具体方法是：

表 5-3 电动机相电流设定

电动机相电流设定（位 6、7、8）			
位 678	电流	位 678	电流
000	0.5A	100	1.7A
001	1.0A	101	2.0A
010	1.3A	110	2.4A
011	1.5A	111	3.0A

（1）先编写一段程序，让步进电动机走 1000 步；

（2）后测出步进电动机模块中指针移动的距离 S_1（以毫米为单位）；

（3）算出每个脉冲走的距离 S_0（$S_0=S_1/1000$）；

（4）算出走 S 距离所需要的脉冲数 N，$N=S/S_0=(S×1000/S_1)$。

  任务实施

一、硬件电路设计

1. 设计思路

步进电动机控制接口电路如图 5-12 和图 5-13 所示。

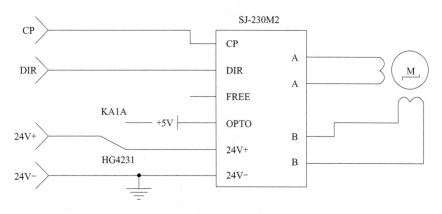

图 5-12 步进电动机接口电路

从图 5-12 可以看出，步进电动机具有保护措施，其中 KA1A 为继电器 HG4231 的输出触点，而 SJ-230M2 为步进电动机驱动器。其中，CP 为脉冲控制端，DIR 为方向控制端。在图 5-13 中，LL 和 RL 分别为左右极限输出，后面电路是步进电动机指针移到极限位置时切断步进电动机电源，以起到保护作用。

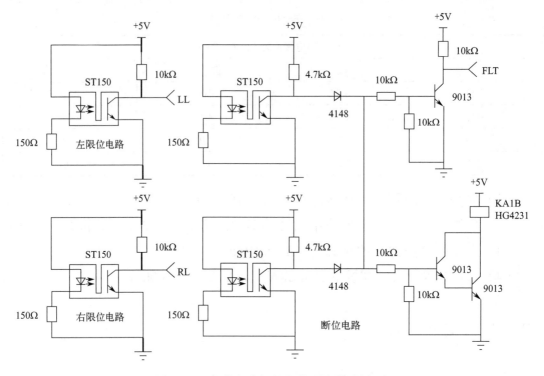

图 5-13 步进电动机极限位置与控制电路

2. 步进电动机控制各模块之间接线（图5-14）

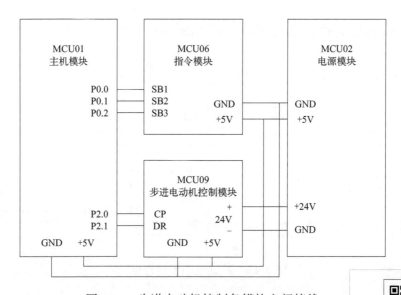

图 5-14 步进电动机控制各模块之间接线

3. 连接电路

实物接线如图 5-15 所示。

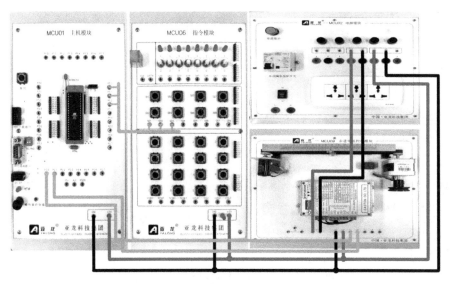

图 5-15　步进电动机控制电路接线图

二、控制程序的编写

1. 绘制程序流程图（图5-16）

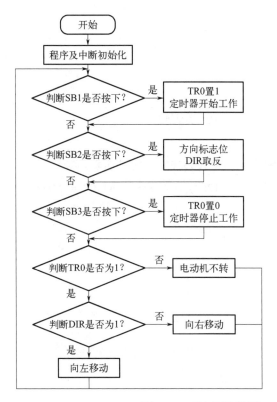

图 5-16　程序流程图

2. 编制 C 语言程序

参考程序清单：

```c
#include <REG52.H>
#define uint unsigned int
sbit CP=P2^0;
sbit DIR=P2^1;
sbit SB1=P0^0;
sbit SB2=P0^1;
sbit SB3=P0^2;
/*接口说明：
  P2_0 CP脉冲
  P2_1 dir 控制电动机方向   0 向右移，  1 向左移   */
void delay(uint t)                    /*1ms为单位延时函数（延时程序）*/
{
   unsigned char i;
   while(t--)
   {
       for(i=123;i>0;i--);
   }
}
void interrupt_init()
{
    // 设置定时器T0工作方式为模式1，16位定时器
    TMOD |= 0x01;
    // 定时器T0初值，通过计算可以设置为65536 -（定时时间 / 12），
    // 这里设置为 65536 -（500ms / 12μs）= 65536 - 41667 = 23869
    TL0=0xF8; // 低8位
    TH0=0xED; // 高8位
    // 开启定时器T0中断
    ET0=1;
    // 开启总中断
    EA=1;
}

void main()
{
```

```c
    interrupt_init();
    CP=1;DIR=1;
while(1)
{
    if(SB1==0)
    {
        delay(50);
        if(SB1==0)
        TR0=1;
    }
    if(SB2==0)
    {
        delay(50);
        if(SB2==0)
        DIR=!DIR;
    }
        if(SB3==0)
    {
        delay(50);
        if(SB3==0)
        TR0=0;
    }
}
}
void timer0_CP() interrupt 1
{
    TL0=0xF8; // 低8位
    TH0=0xED; // 高8位
    CP=!CP;
}
```

三、程序编译与调试

1. 运行KEIL软件
2. 新建KEIL工程项目

项目五 电动机控制

3. 工程的设置

4. 建立程序源文件

5. 将程序文件添加至工程项目

6. 编译、连接

7. 程序下载及运行（图5-17）

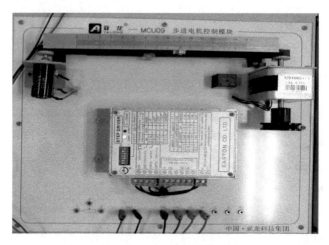

图 5-17　步进电动机控制实际运行图

 任务评价

使用考核评价表（表5-4）进行任务评价。

表 5-4　考核评价表

考核内容	仿真及硬件部分				软件部分				职业操守				其他
评价	步进电动机控制模块选择、接线工艺				步进电动机控制程序编写、运行调试				安全、协助、文明操作				
	优	良	中	差	优	良	中	差	优	良	中	差	
综合评分													
收获体会													
注：在"优、良、中、差"下面的框中用"√"选择评价等级													

动脑筋

1. 如何提高步进电动机的精度？

2. 如果要求按键按一下，步进电动机走1cm，此电路能否实现？怎样实现？

作业

编写程序题

1. 利用独立按钮SB1控制步进电动机的点动，当按下SB1时，步进电动机正转运行；当松开SB1时，步进电动机停止正转运行。

2. 首先让标尺复位到坐标0，如图5-10所示。然后让步进电机正向走动1000步，反向走动1000步，如此循环往复。

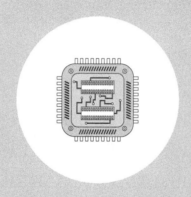

项目六
综合控制

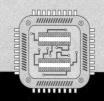

项目概述

　　项目二～项目五是单片机的基础应用篇，介绍了单片机应用的基本流程、基础知识和操作技能。本项目为单片机的综合控制，通过智能电动车控制和智能物料搬运控制两个来源于生活和企业的单片机控制典型案例介绍单片机应用系统的软硬件开发与调试过程，使读者尽快从学习者变为一个开发者。

项目目标

　　1. 了解单片机控制系统的构成及工作原理。
　　2. 能对智能电动车进行硬件调试和软件测试。
　　3. 了解智能电动车运动规律和基本运动控制。
　　4. 能对智能电动车简单、复杂运动进行程序设计及编程调试。
　　5. 了解机械手结构组成及各部分的作用和线路连接方法。
　　6. 能实现机械手复杂运动的编程、调试和运行。
　　7. 能够树立较强的合作意识，主动发表见解，善于与人交流，具有团队精神。
　　8. 培养认真细致、实事求是、积极探索的科学态度和工作作风，理论联系实际、自主学习和探索创新的良好习惯。

任务一 智能电动车控制

任务目标

1. 了解智能电动车运动规律和基本运动控制。
2. 掌握直流电动机调速原理与方法。
3. 能对智能电动车简单、复杂运动进行程序设计、编程与调试。
4. 实践过程中,培养认真细致、实事求是、积极探索的科学态度和工作作风,理论联系实际、自主学习和探索创新的良好习惯。

任务内容

在大都市中,电动车作为一种小型、中速和短途的日常交通工具,是十分理想的。电动车的开发关系到能源、环保、交通和高科技的发展以及新兴工业的兴起,它将推动整个国民经济的发展,成为新的经济增长点。电动车将使能源的利用多元化和高效化,达到能量可靠、均衡和无污染的利用。此外,电动车比传统的燃料汽车更易实现精确的控制。智能交通系统有可能率先通过电动车来实现,从而提高道路利用率和交通安全性。运动是智能电动车的主要工作方式,本任务从智能电动车的简单测试开始,由浅入深,到控制各种相对复杂的运动,实现单片机对智能电动车的各种运动(如前进、倒退、左拐、右拐、声控、避障、寻迹等)控制。

任务分析

本任务由单片机控制电动车,需要的设备:智能电动车、台式计算机及编程下载软件、程序代码下载器及下载软件。本任务由智能电动车硬件调试、智能电动车软件测试、直流电动机脉冲调速控制及应用、智能电动车基本动作控制、智能电动车综合运动控制五个子任务构成,完整介绍单片机应用系统的软硬件开发与调试过程。

任务实施

子任务一 智能电动车硬件调试

一、智能电动车硬件

智能电动车使用主要部件清单如表6-1所示。

表6-1 智能电动车使用主要部件清单

序号	部件名称	数量	单位
1	单片机控制接口板	1	块
2	直流电机(含插头、接线)	4	个
3	车轮	4	个
4	12V 电池盒	1	个
5	5V 电池盒	1	个
6	5V 充电电池	15	节
7	USB 下载器(含接线)	1	个
8	声音传感器(含变送器、插头、接线等)	1	套
9	避障传感器(含变送器、插头、接线等)	2	套
10	光电传感器(含变送器、插头、接线等)	1	套
11	车体金属附件	若干	—
12	插头插座	若干	—

1.单片机控制接口板

(1)接口板外形图 接口板外形如图6-1所示。

(2)单片机控制主板端口位置及标号 单片机AT89S51主板端口说明如表6-2所示。

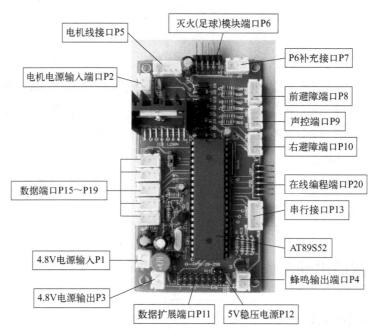

图 6-1 单片机控制接口板外形

表 6-2 AT89S51 主板端口说明

序号	端口标号	CPU 端口名称	CPU 引脚号	功能	接口引脚数
1	P1 Power	—	—	电源输入	2
2	P2 Power2	—	—	电源输入	2
3	P3 Powerout	—	—	电源输出	2
4	P4 SPK	P3.2	12	蜂鸣输出	2
5	P5 MOTO	P0.0～P0.4，电机驱动	35～39	驱动电机	4
6	P6 MH	P3.4、P3.5、P3.6、P3.7、QBZ（P0.5）、ZBZ（P0.6）、YBZ（P0.7）	14、15、16、17、34、33、32	灭火（足球）模块专用	10
7	P7 JL1	P3.3	13	P6 补充	3
8	P8 QBZ	P0.5	34	前避障	3
9	P9 ZBZ	P0.6	33	声控	3
10	P10 YBZ	P0.7	32	右避障	3
11	P11 I/O	P2.0～P2.7、P1.0～P1.2	21～28、1～3	接扩展板	16
12	P12 VCC	—	—	5V 稳压电源	2
13	P13	P3.0、P3.1	10、11	串行接口	4
14	P15	P1.3	4	数据端口	3
15	P16	P1.4	5	数据端口	3
16	P17	P1.5	6	数据端口	3
17	P18	P1.6	7	数据端口	3
18	P19	P1.7	8	数据端口	3
19	P20	RST、P1.7、P1.6、P1.5	9、8、7、6	在线编程	6

C51接口位置说明如图6-2所示。

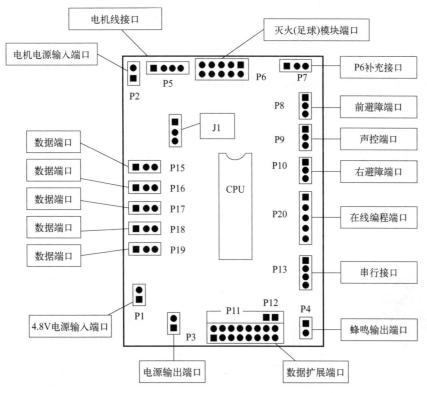

图6-2 单片机控制主板接口位置及标号（■表示正极）

端口标号说明：

P1——VDD1（4.8V输入，提供主板未稳压的工作电压）；

P2——VDD2（提供电机工作电压）；

P3——提供未稳压的工作电压输出；

P4——蜂鸣输出端口；

P5——电机驱动口；

P6——外接通用公司的灭火（足球）模块端口；

P7——外接通用公司新版灭火（足球）模块的补充接口，也可作普通I/O端口；

P8、P10——分别为前、右避障模块接入端口；

P9——声控端口；

P11——上面一排针为I/O端口，下面一排1～3针为扩展端口，4、5针为VDD2，6针为VCC，7、8针为地线；

P12——VCC（为5V稳压电源）；

P13——串行接口；

P15~P19——数据端口；

P20——在线编程端口。

2.电机驱动模块

（1）单片机接口板为用户提供两种电机驱动方式　即L298N（带散热片）芯片可实现4轮驱动，固化在智能电动车主板上，可以实现智能电动车的行驶。L298N含四通道逻辑驱动电路，是一种两相和四相电机的专用驱动器，即内含两个H桥的高电压大电流双全桥式驱动器，接收标准TTL逻辑电平信号，可驱动46V、2A以下的电机。芯片外形及内部电路如图6-3所示。

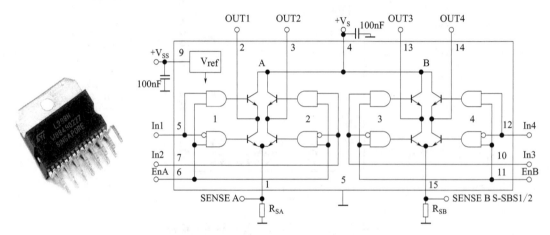

图6-3　直流电机桥式驱动器内部电路及芯片

智能电动车主板P5为电机接口，左侧1~4分别为左电机的正转（黑红线）、反转（红线），右电机的正转（黑红线）、反转（红线）。

（2）电机驱动电路　主板上有两套桥式驱动电路，可分别驱动两个电机的正转和反转。

电机正转时，左上、右下两个晶体管导通，等效电路如图6-4所示。

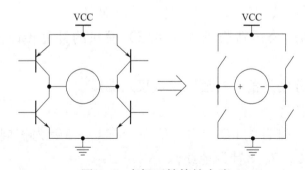

图6-4　电机正转等效电路

电机反转时，左下、右上两个晶体管导通，等效电路如图6-5所示。

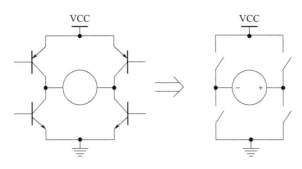

图 6-5　电机反转等效电路

3.传感器模块

（1）避障模块

① 功能：实现智能电动车躲避障碍物。智能电动车在车身的前面、右面两个不同方位各安装了一个红外线传感器，可以实现避障。

② 外形：如图6-6所示。

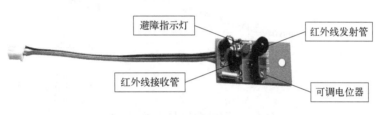

图 6-6　避障外形

③ 元件布置：如图6-7所示。

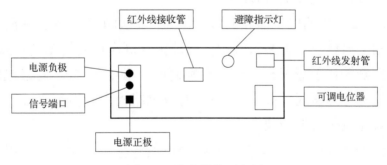

图 6-7　避障模块示意图

④ 避障模块原理图如图6-8所示。

⑤ 原理：避障模块是一种被动式红外线传感器。它由38kHz石英晶体振荡器、红外发射管和一体化接收器组成。发射管发射38kHz调制的红外线信号，遇到障碍后反射回来，被接收器接收。当有效距离内遇到障碍时，接收器输出低电平。程序通过检测接收器的输出电平，即可判断是否有障碍物存在。

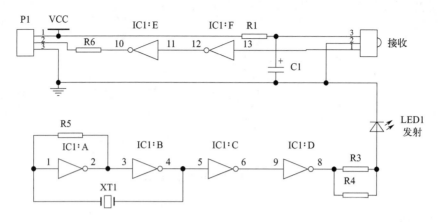

图 6-8 避障模块原理图

⑥ 避障模块与主板的连接如图 6-9 所示。

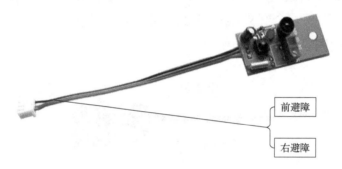

图 6-9 避障模块与主板的连接

说明：避障传感器的避障感知距离在 10～50cm 范围，用户可根据需要进行调节，出厂设置一般在 15cm 左右。

⑦ 调节方法：可调电位器顺时针旋转避障感知距离加大，逆时针调节电位器时避障感知距离减小。调整过程中，避障指示灯亮说明检测到了障碍物。

避障传感器输出值意义：当前方有障碍时，低电平"0"对应电路板上的指示灯亮；当前方无障碍时：高电平"1"对应电路板上的指示灯灭。

(2) 绝对光电传感器模块

① 功能：将颜色信号（黑白）转换为电信号输入单片机，可以识别黑色和白色（或有色差的颜色）。

光电传感器模块可以识别不同的颜色，如黑色呈现高电位（光敏传感器模块的电位显示灭）、白色呈现低电位（光敏传感器模块的电位显示亮），利用它的这一特性，可以让智能电动车执行多种动作。利用左侧和右侧的传感器接收光强不一致，也可以让智能电动车走规定路线。

② 光电传感器输出：当检测白色时，低电平"0"对应电路板上的指示灯亮；

当检测黑色时，高电平"1"对应电路板上的指示灯灭。

③ 光电模块外形：光电模块分为两部分，分别为检测部分和调节转换部分，外形如图6-10、图6-11所示。

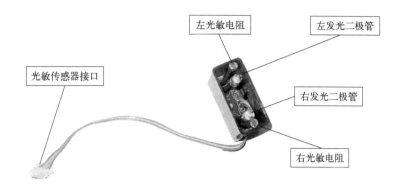

图 6-10　光电模块检测部分外形

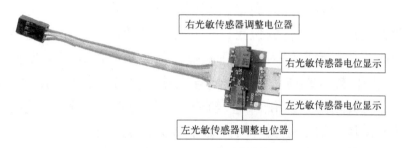

图 6-11　光电模块调节转换部分外形

④ 光电模块检测部分元件布局及接线如图6-12所示。

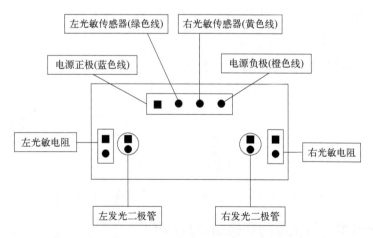

图 6-12　光电模块检测部分元件布局及接线图（■表示正极）

光敏模块有三根线的插头插接在P12（图6-2）靠右侧的对应一列上，蓝色对应正极，另一单根线接靠左侧的中间插座上。

项目六　综合控制

⑤ 光电模块检测原理：绝对光电模块由辅助光源（发光二极管）、光敏电阻和比较器组成。其电路原理及光反射图如图 6-13、图 6-14 所示。

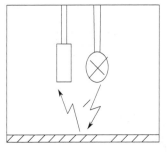

图 6-13　光电模块光反射图

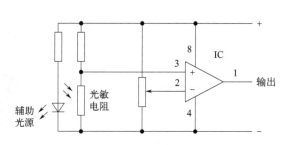

图 6-14　光电模块原理示意图

它是基于光敏电阻原理设计的，光敏电阻的阻值与其接收的光线强度成反比。光线越强，阻值越小。当光敏电阻接收的光强接近时，其阻值较小，与固定电阻分压后，使比较器的同向输入端电压低于反向输入端，比较器输出低电平。通过调整电位器滑动臂的位置，即可改变使比较器输出低电平时的绝对光强。滑动臂向下调，反向输入端电压降低，需要更强的光照使光敏电阻的阻值更小，才能使同向输入端电压低于反向输入端，输出低电平，反之亦然。

两个光电模块配合，可用于"按轨迹行走"的效果，简称"寻迹"。

绝对光电模块的缺点是受环境光影响较大，需要根据环境光线强弱的变化随时调整电位器滑臂位置，才能获得较好的效果。

理想的分压点电压应低于电源电压的 1/2。在窗口比较器设定的窗口之内，两个比较器均输出高电平。当其中一个光敏电阻接收光强较强时，分压点的电压将远离电源电压的 1/2，超出比较器设定的窗口，相应的比较器输出低电平。

⑥ 绝对光电模块的组合及与主板的连接。

a. 绝对光电模块的组合如图 6-15 所示。

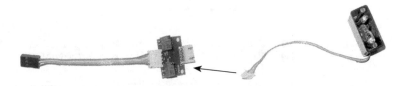

图 6-15　绝对光电模块的组合（蓝色线连接蓝色线）

b. 绝对光电模块与主板的连接如图 6-16 所示。

（3）声控模块

① 功能：将声音信号转换为电信号，并输入单片机，利用声音来控制智能电动车，其实物图如图 6-17 所示。

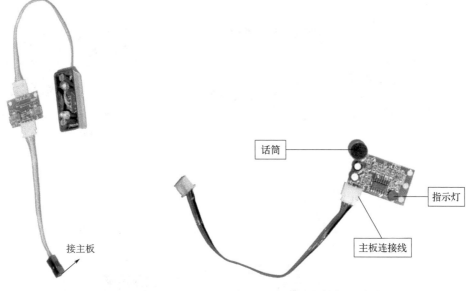

图 6-16 绝对光电模块与主板的连接　　图 6-17 声控模块实物

声控模块是智能电动车的耳朵,声控模块的功能是利用声音来控制智能电动车的运动。例如智能电动车声控启动。

② 电路及原理:声控模块由话筒、放大电路、整形电路组成。其电路如图 6-18 所示。话筒接收到声音信号,经放大、整形后,得到的是高低电平的变化。无声时输出为高电平,有声时输出为低电平。

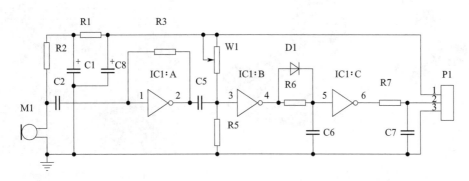

图 6-18 声控模块电路图

③ 检测值的意义:有声音时,低电平"0",指示灯亮;无声音时,高电平"1",指示灯灭。

4. 电源、开关及其他硬件

(1) 电源　电源如图 6-19 所示。

(2) 开关　开关如图 6-20 所示。

(3) 充电器　充电器如图 6-21 所示。

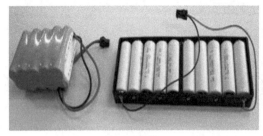 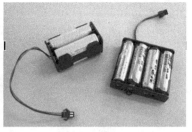

(a) 12V电源　　　　　　　　　　(b) 4.8V电源

图 6-19　电源

图 6-20　开关

（4）喇叭及下载线　如图6-22所示。

 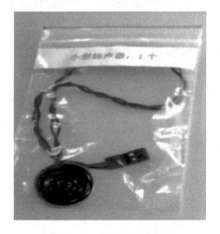

图 6-21　充电器　　　　　　　　图 6-22　喇叭及下载线

二、硬件调试目的、方法、步骤与注意事项

1.目的

检测硬件安装的正确性及各部件的好坏。

2.方法

看、闻、仪表检测、手动检测、程序检测。

3. 步骤

（1）外观检查　通过观察检查接线正确性。如有无短路现象等。

（2）手动检查　通过人工来检查元件安装牢固性和元器件的接线正确性。如通过手动触摸等方式判断金属构件安装的牢固性；还可以通过手转动智能电动车其中一个轮子，然后通过观察其他轮子的旋转状态判断电机接线的正确性等。

（3）通电检查与调试　通电后，通过观察或仪表检测来判断各电气元件安装的正确性。如通过观察电源、传感器指示灯初步判断其接线与安装的正确性；通过仪表检测和手工调试判断接线和安装的正确性等。

（4）程序检测　测试程序来进一步判断各电气元件接线、安装及功能的正确性，以及各接口与控制对象的对应关系。

4. 注意事项（原则）

检查测试认真细致、用力适当、不能引起短路。不经老师检查不要开电源！

三、智能电动车硬件检查与调试

1. 通电前硬件检查

检查内容：各部件牢固性、车轮转动是否灵活、接线正确性、电气线路绝缘性等。重点检查电路板各焊点与金属车体的绝缘是否完好、5V和12V电源插头与主板连接一定要保证正确。

2. 电源开关检查

检查方法：先闭合主板电源（4.8V），然后观察其电源指示灯及部分传感器指示灯情况，电源指示灯亮说明该电源开关完好；最后用同样方法检测电机12V电源开关。注意：电源开关打开后，如发现异味、冒烟等现象，应立即关闭电源进行检查。

3. 电机安装及接线检测

检测方法：用一只手托起智能电动车，另一只手转动小车一边其中的一个轮子，观察情况。

（1）如果同一边的另一个轮子与其做相同方向的旋转，说明该边两个电机接线正确。

（2）如果同一边的轮子与其转向相反，说明这边的两个电机中一个电机接线反接了，应改过来。

（3）如同一边轮子没转，而另一边的一个轮子转了，说明应装在同一边的两个电机错装在两边了，应改过来。

（4）用同样的方法，去判断另一边的两个电机是否安装或接线正确。如果电机接线不正常，看是否是电机与控制主板的插头接线有问题。

4.声控传感器检测与调试

检测方法：用掌声进行初步检测。当有掌声时，声控传感器电路上的指示灯亮；无掌声时，指示灯灭。如果声控传感器有灵敏度调节器，可根据要求调节相应的灵敏度。

5.避障传感器检测与调试（图6-23）

检测方法：用一个模拟的障碍物由远至近逐渐靠近传感器，当两者接近到一定距离时，避障传感器电路板上的指示灯由灭变亮，说明该传感器是好的，否则说明传感器或接线有问题。

传感器灵敏度调节：当顺时针旋转调节螺钉时，感知距离变长（灵敏度变高）；当逆时针调节时，感知距离变短（灵敏度变低）。本次使用以20cm为宜。

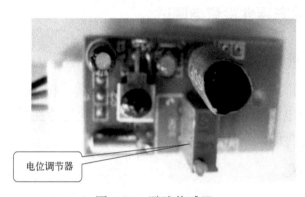

图6-23　避障传感器

当障碍物距传感器的距离大于20cm时，指示灯还亮，则电位器逆时针调节；当障碍物距传感器的距离小于20cm时，指示灯还灭，则电位器顺时针调节。直到移动障碍物至传感器的距离由远到近，当距离约20cm时，指示灯由灭变亮，说明此时传感器已调试好。

如果避障传感器无论如何调节，其电路板上的指示灯始终是亮或灭，可能有以下原因：该传感器被损坏、传感器电源接线有问题、主板电源电压太低等。

6.光电传感器检测与调试（图6-24）

（1）检测方法　小车放在有黑白两种颜色的地面上进行检测（传感器距地面5mm为宜）。白色时指示灯亮，黑色时指示灯灭，说明该传感器正常，否则进行调节。

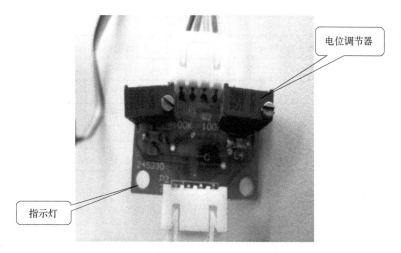

图 6-24 光电传感器

（2）光电传感器调试方法

① 在白色地面上时，如果指示灯灭，则顺时针调节相应电位器，调节到亮为止。如果始终调不亮，说明传感器或电压有问题。

② 在黑色地面上时，如果指示灯还亮，则逆时针调节相应电位器，调节到灭为止。如果始终调不灭，说明传感器或电压有问题。

注意：①顺时针是由灭到亮的调节；逆时针是由亮到灭的调节。②无论怎样调节，相应指示灯始终亮或灭，应检查传感器连接线或用万用表测量主板电源电压是否合格。

子任务二　智能电动车软件测试

一、智能电动车基础运动控制

1.电机接口

左右电机通过主板 P5 接口，连接到主板电机驱动电路。P5 接口信号定义如表 6-3 所示。

表 6-3　P5 接口信号

接口	P5.1	P5.2	P5.3	P5.4
信号	右电机＋	右电机－	左电机＋	左电机－

2.电机运转控制

AT89S51 通过 P0.0、P0.1、P0.2、P0.3、P0.4 五位控制电机运转。信号定义如表 6-4 所示（X 表示任意取值）。

表 6-4　信号定义

P0.4	P0.3	P0.2	P0.1	P0.0	右电机	左电机	运动名称
0	X	X	X	X	不转	不转	停止
1	0	1	0	1	正转	正转	前进
1	1	0	1	0	反转	反转	后退
1	0	1	1	0	正转	反转	左转
1	1	0	0	1	反转	正转	右转

3. 其他端口地址（表6-5）

表 6-5　其他端口地址

传感器名称	端口地址	传感器名称	端口地址
前避障	P0.5	左光电	P2.6
右避障	P0.7	右光电	P2.7
声控	P0.6		

4. 传感器检测值代表意义

避障传感器：0表示有障碍物；1表示无障碍物。
声控传感器：0表示有声音；1表示无声音。
光电传感器：0表示白；1表示黑。

二、C51下载器及软件的使用

1. 下载线连接

将智能电动车通信电缆接好，USB一端接计算机的USB接口，另一端接智能电动车的5线数据插头（光滑面朝上），如图6-25所示。

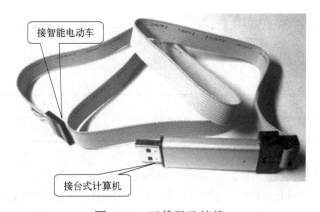

图 6-25　下载器及接线

2. C51下载软件的使用介绍

（1）点击下载软件 图标，则进入下载软件界面（图6-26）。

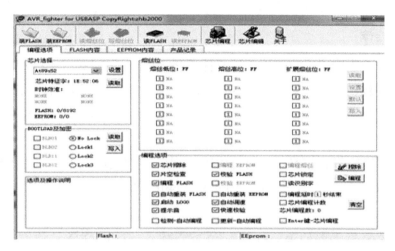

图6-26　下载软件界面

（2）点击下载软件 图标，则进入机器代码文件选择界面，如图6-27所示。选择要运行的机器代码程序*.hex文件。

图6-27　选择的代码文件

（3）在芯片选择项中，选择AT89S52（图6-28）。

图6-28　选择单片机芯片

（4）点击"编程"按钮，则开始写入单片机芯片。当看到有"完成"字样，说明程序写入工作完成。如果看到写入失败信息，应检查芯片是否正确、接线是否完好、参数选择是否正确等。

3. 设计程序

分别设计让智能电动车完成下列任务的程序。要求每个任务都要进行程序编辑输入、下载、运行和调试，直到智能电动车完成相应运动任务。

（1）编写让电机左轮500ms正转后停的程序，检验是否正确，否则改变电机接线。

（2）编写让电机右轮500ms正转后停的程序，检验是否正确，否则检查接线。

（3）编写一个拍手让车前进500ms后停的程序，检验声控功能是否完好，否则维修。

（4）尝试编写完成后退、左转、右转等基本运动的程序，并进行调试。

注：基本运动控制主要语句提示。

① 让电机左轮正转500ms后停程序。

```c
#include "AT89X52.h"
#define uint unsigned int
void delay(uint t)                    /*  延时函数(延时程序) */
{
unsigned char i;
while(t--)
{
    for(i=123;i>0;i--);
}
}
void main()                           /*  主函数(主程序)*/
{
    P0=0xF1;                          /*  让左电机正转 */
    delay(500);                       /*  延时500ms */
    P0=0xE0;                          /*  让左电机正停 */
while(1);
}
```

② 让电机右轮500ms正转后停主要语句。

```c
P0=0xF4;                              /*  让右电机正转 */
delay(500);                           /*  延时500ms */
P0=0xE0;                              /*  让右电机正停 */
```

③ 一个拍手让车前进500ms后停的程序主要语句。
while(P0_6==1){;;}   //如果没有声音程序就始终等待
   P0=0xF5;   /* 让小车前进 */
   delay(500);   /* 延时500ms   */
   P0=0xE0;   /* 让小车停   */

④ 其他主要控制语句。

后退：P0=0xFA;

快左转：P0=0xF6;

慢左转：P0=0xF4;

快右转：P0=0xF9;

慢右转：P0=0xF1;

（5）编写一个前右避障传感器的检测程序，并进行编辑、调试和运行，以检测避障传感器的好坏。

要求：当前避障或右避障遇障碍时，小车轮子不转；没有遇障碍时，小车轮子就转。当程序运行结果与原设定功能不一致，说明避障传感器或接线有问题，然后在老师的帮助下排除。

（6）编写一个左右光电传感器的检测程序，并进行编辑、调试和运行，以检测光电传感器的好坏。

要求：当左光电在白地面上时，小车左轮子就转，否则不转；当右光电在白地面上时，小车右轮子就转，否则不转。当程序运行结果与原设定功能不一致，说明光电传感器或接线有问题，然后在老师的帮助下排除。

子任务三　直流电动机脉冲调速控制及应用

一、编写程序

一个让车慢速（通电停电比为1∶4）前进2s的程序，观察前进速度。

二、改变速度

几种通电停电比分别为：1∶1、1∶3、1∶5、1∶7。分别观察速度的变化。

提示：让车慢速前进的主要语句。

```
unsigned int t;
for(t=0;t<400;t++)
  {
```

```
        P0=0xF5;              /*  让右电机正转  */
        delay(1);             /*  延时1ms  */
        P0=0xE0;              /*  让右电机正停  */
        delay(4);             /*  延时4ms  */
    }
    while(1)
    {;;}
```

子任务四　智能电动车基本动作控制

一、小车运动简单分析

1. 小车惯性问题

惯性对小车的运动控制造成一定的影响。

（1）对转弯的控制措施（图6-29）

图6-29　惯性问题影响小车的运动示意图

控制措施：降低转弯时的速度。

（2）对停车位置的影响（图6-30）

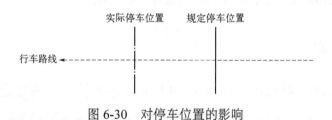

图6-30　对停车位置的影响

控制措施：提前检测停车或后退一段距离。

2. 影响小车控制的其他因素

（1）电源电压对控制的影响　主板电压对传感器有影响；电动机电压对运动控制有影响，特别是走曲线影响较大。

（2）小车形状和尺寸对控制的影响　车体过宽会影响小车运动的灵活性，而且使得惯性增大。

车体过高会影响小车运动的稳定性，而且使得小车抖动增大。

二、完成下列控制任务

（1）要求让智能电动车先前进1m，然后停1s，最后再让智能电动车右转90°后停。要求设计、编辑输入、下载运行、调试该程序，直至功能实现。

（2）当智能电动车听到响声后，让智能电动车先前进1m，然后停2s，过2s后，当听到响声再让智能电动车退回原处。如果没有声响，智能电动车始终不动。

（3）让智能电动车走"三角形"的程序（图6-31）。

具体要求：

第一次声控，启动直行1m即从A到B，停止0.5s；

第二次声控，在B点从左边旋转至偏右90°后，直行1m；

第三次声控，在C点又转135°，然后直行回到A点，停止。

利用三次声控走出一个直角三角形。

（4）请自行设计一个让智能电动车走正方形的程序（图6-32）。

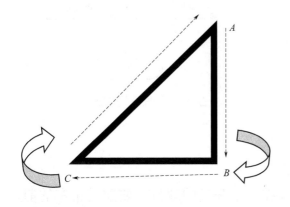

图6-31 智能电动车三角形行走路线图　　图6-32 智能电动车走正方形路线

具体要求：

① 小车从A点出发，经B、C、D后回到原出发地A点，停车后车的状态保持和启动前一样；

② 按下开关2s后开始行走，每边长为1m；

③ 用有限循环程序结构，并画出流程图；

④ 编写程序，下载、运行和调试，观察运行结果。

建议：每个转弯动作前后都要加停车1s，以便使小车更容易控制。

子任务五　智能电动车综合运动控制

一、简单避障控制

1. 控制任务及场地描述

场地如图6-33所示。

控制任务：要求小车从A处开始，向垂直于墙的方向行驶。当接近墙时停车。

2. 程序设计思路

程序流程图如图6-34所示。

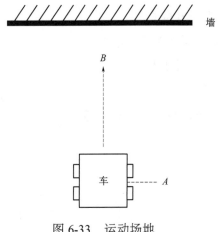

图6-33　运动场地

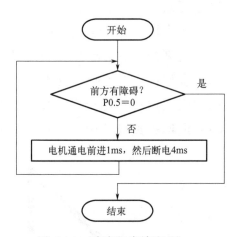

图6-34　避障程序流程图

3. 程序调试注意事项

（1）程序下载时不要插拔下载线。

（2）小车电源打开前，把小车放在一个开阔的地方，要知道小车的前进方向和运动范围。不要把小车放在桌椅腿附近，特别是小车靠近墙时，一定要保证不让小车撞到墙，以免把小车撞坏。如果发现小车遇到墙不停时，要及时拿起小车。

（3）在小车运动过程中如发现有部件松动，应及时加固维修。

二、复杂避障控制

1. 控制任务及场地描述

场地描述：如图6-35所示。

控制任务描述：要求小车从A处开始，靠右侧障碍物或墙向前行驶。要求不能撞到障碍物或墙。

2. 程序设计思路

程序流程图如图6-36所示。

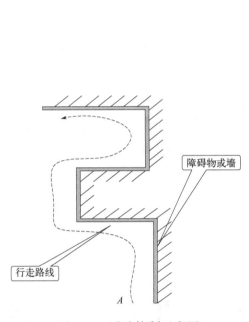

图 6-35　避障控制示意图

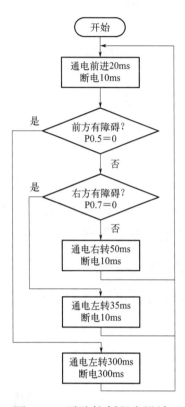

图 6-36　避障控制程序设计

3. 提示

（1）所有有关参数只是参考值。调试时，应根据本组小车实际情况进行调节。

（2）前进、左转、右转模块后面一定不要忘记使用无条件转移语句。

4. 程序调试注意

（1）注意智能电动车的保护！

（2）如果小车总是撞障碍物，说明避障传感器的灵敏度太低，应把距离调大一点。

（3）如果小车总是原地打转，可能是由下列原因引起的：

① 小车开始放的位置离左侧墙太远；

② 右避障传感器的灵敏度太低；

③ 前避障传感器的灵敏度太高；

④ 避障传感器被损坏。

注意：调试工作是一个反复修改和调试的过程，不一定能很快成功，要有一定的心理准备。

三、寻迹控制

1. 控制任务及场地描述

寻迹就是让小车沿规定的引导线行走。该引导线可以是直线，也可以是曲线。

场地描述：场地如图6-37所示。

控制任务描述：开始时要求把小车的两光电传感器放在引导线上，小车从A处开始出发，直到走到引导线的终点B停，然后响两声。

2. 寻迹控制思路

（1）总的控制思路（图6-38）

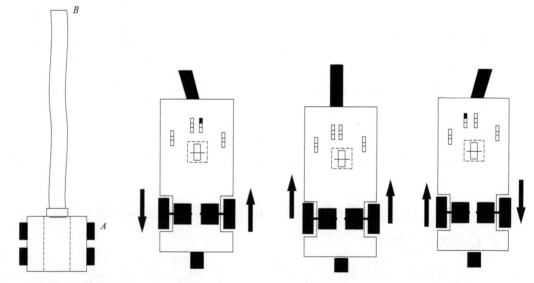

图6-37 寻迹控制示意图　　图6-38 寻迹控制思路

（2）小车寻迹过程中的位置分析与控制（图6-39）

（3）寻迹程序流程图如图6-40所示

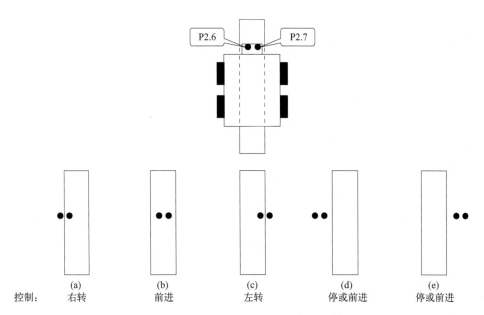

图 6-39 小车寻迹过程中的位置分析

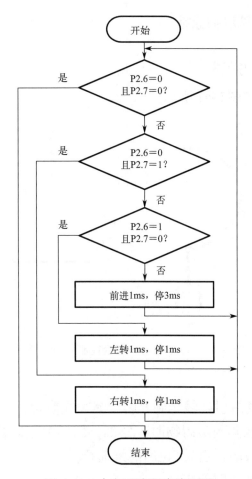

图 6-40 小车寻迹程序流程图

（4）程序设计提示

① 两个条件相"与"语句可使用下面语句格式：

if((P2_6==0)&&(P2_7==1));

② 当两个光电传感器都检测到白色时，就认为是到了终点；

③ 速度调节参数只是参考数据，要根据本组实际情况进行具体调节。

（5）如果在小车走弯道时总是冲出引导线，可能有以下原因：

① 光电传感器没有调整好，或损坏；

② 光电传感器安装位置过高，轨迹检测数量不准；

③ 屋内光线过亮或过暗，对运行干扰太大；

④ 程序中转移语句之间关系的逻辑有问题；

⑤ 速度太快，来不及调整；

⑥ 动力太小，应加大通电时间；

⑦ 带电机的12V电池电压太低。

四、智能电动车综合控制

1.控制任务及场地描述

场地描述：场地如图6-41所示。

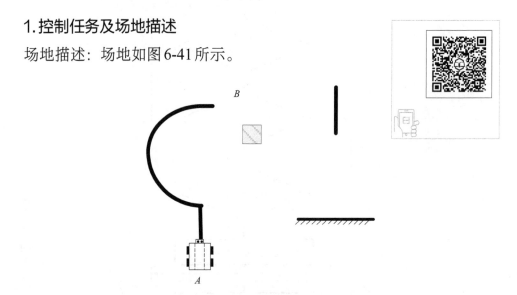

图6-41　智能电动车综合控制场地示意图

控制任务：

（1）小车从A出发沿引导线走到B后，继续往前走；

（2）当小车右侧检测到障碍物时，停2s，然后继续前行；

（3）当检测到黑线时，右转90°后继续前行；

（4）当前方检测到墙时停车。

2. 程序设计思路（图6-42）

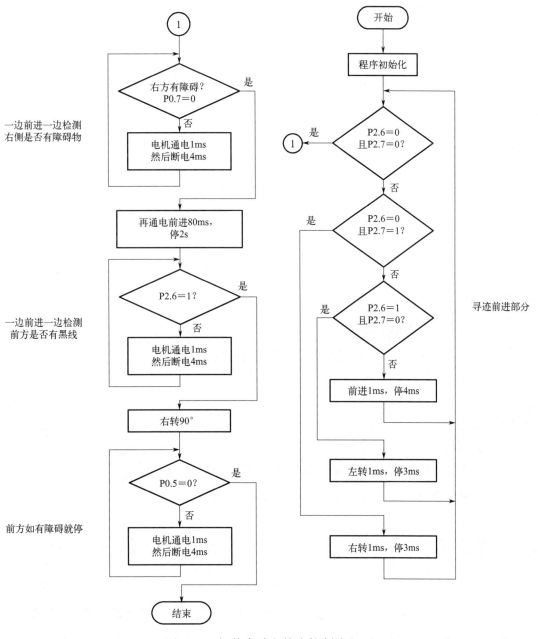

图 6-42 智能电动车综合控制流程图

任务评价

使用考核评价表（表6-6）进行任务评价。

表 6-6　考核评价表

考核内容	硬件部分				软件部分				职业操守				其他
评价	智能电动车简单、复杂运动硬件调试、软件检测				智能电动车简单、复杂运动程序编写、运行调试				安全、协助、文明操作				
	优	良	中	差	优	良	中	差	优	良	中	差	
综合评分													
任务点评													
注：在"优、良、中、差"下面的框中用"√"选择评价等级													

动脑筋

1. 如何检查光电传感器？
2. 小车运动前要注意些什么问题？小车运动有哪些特性？

作业

简答题

1. 小车寻迹过程中都出现哪些现象？是如何解决的？
2. 复杂避障时，小车出现哪些现象？是如何解决的？

阅览室

机器人

机器人的基本特征是具有感知、决策、执行等能力，另外机器人是一种能够替代人类完成危险、繁重、复杂生产活动的半自主或全自主智能机器。

智能机器人按功能可以分为三大类，分别是：工业机器人、服务机器人和特种机器人。其中，每个大类又可以细分出多个小类。在整个机器人产业链中，在产业链上游的是核心零部件生产商，主要包括减速器、伺服系统、控制器等；而中游是本体生产商，主要包括工业机器人本体、服务机器人本体等，因为上游零部件和中游本体所供应的是标准化产品，因此具有明显的规模效应；下游则是系统集成商，主要包括单项系统集成商、综合系统集成商等，因为系统集成商所供应的是非标准化产品，使得下游在应用中具备非常丰富的经验，在整个产业链中拥有重要的竞争力。值得一提的是，机器人作为替代人工的存在，符合社会进化方向，并且在我国老龄化问题加剧、劳动力红利逐步消失的大背景下，机器人产业有望迎来新的发展机遇。

任务二　智能物料搬运控制

任务目标

1. 了解机械手结构组成和各部件的作用、线路连接方法。
2. 掌握机械手运动的控制方法，能实现机械手复杂运动的编程、调试和运行方法。
3. 能对机械手进行智能控制、简单故障诊断与排除。
4. 培养认真细致、实事求是、积极探索的科学态度和工作作风，理论联系实际、自主学习和探索创新的良好习惯。

任务内容

机械手是一种具有人体上肢的部分功能，工作程序固定的自动化装置。用机器代替人手，把工件由某个地方移向指定的工作位置，或按照工作要求操纵工件进行加工。机械手可以取代笨重的人工操作，并可逐步地把操作人员从恶劣的环境中解放出来。本任务是利用智能物料搬运装置，控制一个气爪从初始位置移到位置1抓取物料，移动气爪，把物料放入位置3；然后移动气爪，到位置2抓取物料，并将抓取的物料放入位置3中；最后移动气爪，回到初始位置；重复上述过程。本任务介绍智能物料搬运系统的组成、光电传感器和磁性传感器的使用方法、气动元件的使用方法，以及对机械手进行智能控制的编程思路及方法。

任务分析

智能物料搬运装置是按固定程序抓取、搬运物件的自动操作装置。通过完成控制物料搬运系统搬运物料的工作任务，学习智能物料搬运系统的电路结构和系统的控制方法，进一步了解开发单片机控制系统的一般方法。本任务涉及内容有机械手机械知识及相关控制知识，分别介绍机械手机械机构、电气接口电路、机械手基本控制等，最后完成整个任务。分解为下列子任务：机械手机械部件识别、机械手电气控制电路分析与接线、机械手硬件调试、机械手软件编程调试、实战练习。

知识准备 抗干扰知识

单片机系统的可靠性是由多种因素决定的,其中系统的抗干扰性能是系统可靠性的重要指标。工业生产中的干扰一般都是以脉冲的形式进入单片机,干扰窜入系统的渠道主要有三条,即空间干扰(场干扰)、通过电磁辐射窜入系统、I/O 通道干扰,特别是输入输出部分,给单片机系统造成的干扰可能会更明显,因此必须采取措施。要解决单片机的干扰问题,首先必须找出干扰源,然后采用单片机软硬件技术来解决。其中解决办法之一就是要切断一切单片机与外设之间的干扰源,常见方法有两种。

一、继电器隔离

具体应用如图 6-43 所示,由此电路可知,单片机从输出控制到继电器的机械动作,其信号之间的传递过程是:电信号→磁信号→机械触点动作→电信号(J 是磁信号,JZ、JK、JB 是机械触点动作)。由此可见,外部的干扰信号是无法窜入单片机的,因此隔离了干扰信号。

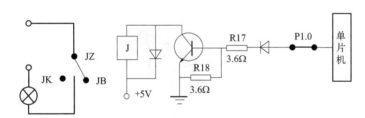

图 6-43 继电器隔离电路

继电器是一种电子控制器件,它是能用较小的电流去控制较大的电流的一种"自动开关",直流继电器外观图如图 6-44 所示。

图 6-44 直流继电器外观

由于继电器的线圈电压为 12V,故继电器前加了光电耦合器实现与单片机的连接,光电耦合器的输出信号用来控制继电器线圈。

二、光电耦合器隔离

光电耦合器介于单片机与执行机构（外设）之间，它们之间的信号传递是：电←→光←→电。如图6-45所示。因此，干扰信号是无法进入单片机的。

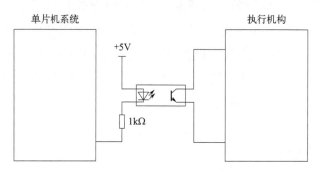

图6-45 光电耦合器隔离

光电耦合器是一种以光为媒介传输电信号的"电—光—电"转换器件，又称光电隔离器，外观图如图6-46所示。

图6-46 光电耦合器外观

光电隔离器（光电耦合器）内部结构如图6-47所示。

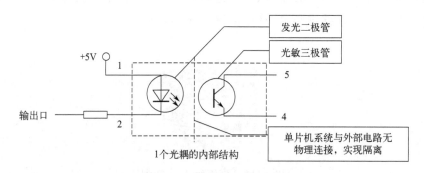

图6-47 光电耦合器内部结构

输出口输出0时，发光二极管发光，光敏三极管导通，4、5之间回路闭合；输出口输出1时，发光二极管不发光，光敏三极管截止，4、5之间回路断开。

任务实施

子任务一　机械手机械部件识别

机械手结构如图6-48所示。

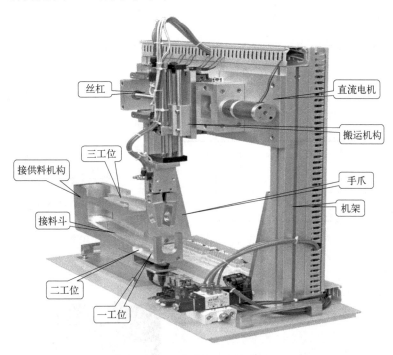

图 6-48　机械手结构组成

一、气动元件（图6-49）

图 6-49

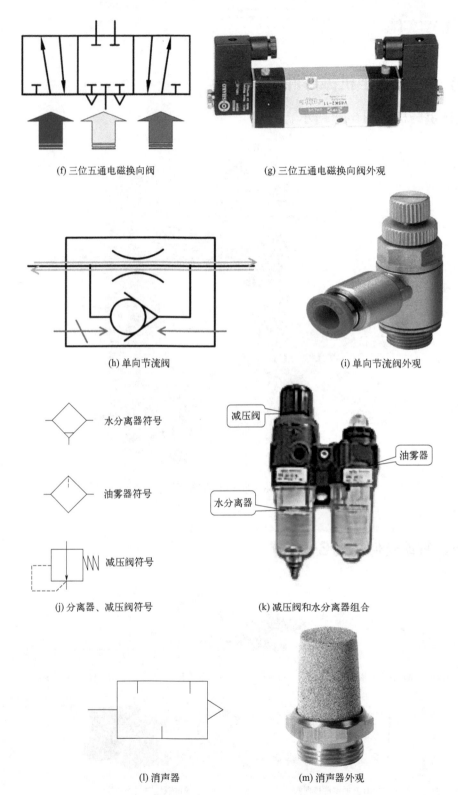

图 6-49 气动元件及示意图

二、传感器元件（图6-50）

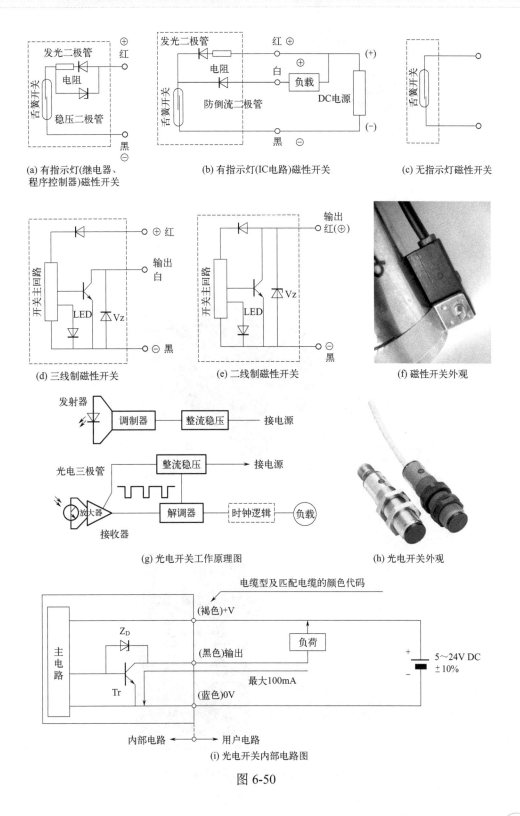

图 6-50

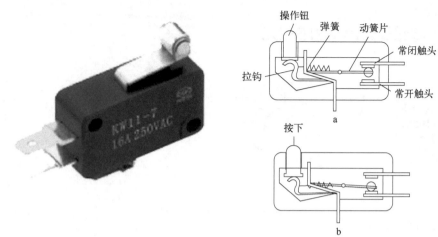

(j) 微动开关外观　　(k) 微动开关结构

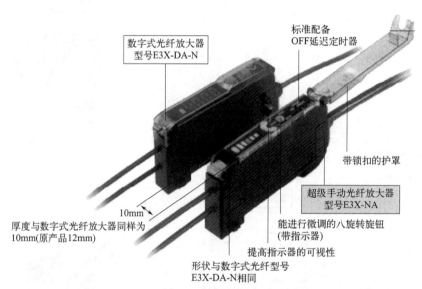

(l) 光纤放大器

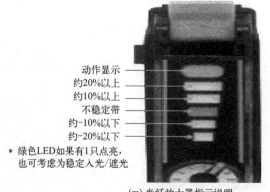

(m) 光纤放大器指示说明

图 6-50　传感器元件及示意图

子任务二 机械手电气控制电路分析与接线

一、机械手中直流电机控制电路认识

本机械手中的搬运控制主要有气动和电动两种方式。手爪的上下移动、张开与抓紧控制通过对气动元件的控制实现,机械手臂的左右移动通过直流电机带动丝杠实现,直流电机的正反转由继电器常开常闭触点控制实现。其控制电路如图6-51所示。

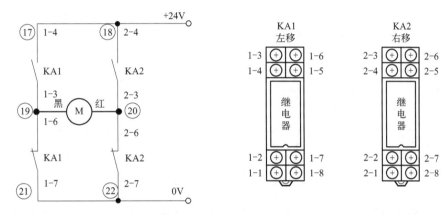

图 6-51　由继电器构成的直流电机正反转控制电路

二、机械手内部电路分析

机械手内部电路如图6-52所示。

根据上述电路可知,机械手中共有9个检测量,分别是:3个工位检测,手爪的上升到位、下降到位、夹紧到位和手爪中有无物料检测,2个工位上有无物料检测。所有检测都是"0"有效。如,当手爪移到某个工位时,该工位的检测值为"0",否则为"1"。

本电路中共有5个控制点,它们分别是手臂左移、手臂右移、手爪夹紧、手爪放松和手爪升降。同样,输出为低电平"0"有效。

三、机械手与单片机之间的电气线路连接

根据机械手检测与控制电路可知,电磁阀控制线圈使用的是24V直流电压,检测信号也是0~24V,而单片机使用的是5V。另外,为了提高系统的稳定性,

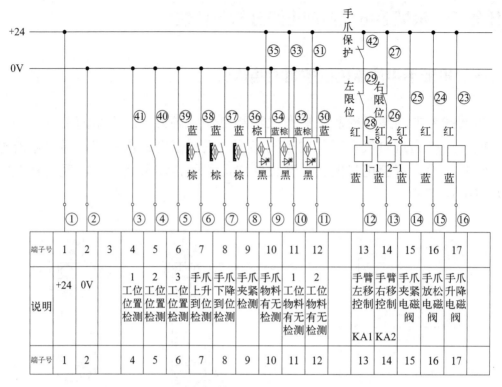

图 6-52 机械手检测与控制电气接线图

使单片机不受电源及电磁元件干扰,在单片机与机械手之间的检测与控制电路中必须采取隔离措施。本硬件系统中,检测输入通道采用光电耦合方式,在输出电路中采用继电器输出,机械手与单片机之间的输入输出接口电路如图 6-53 和图 6-54 所示。

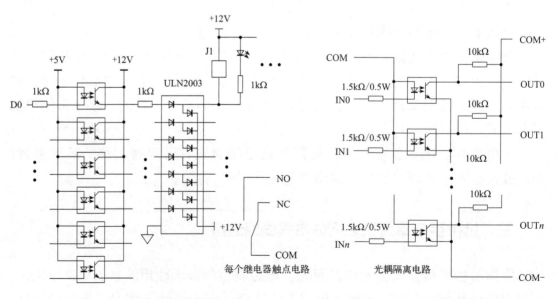

图 6-53 继电器输出控制电路   图 6-54 光电转换输入电路

四、单片机接口地址分配

由于本系统采用的是AT89S52单片机,它有4个I/O并行口,共有32个控制位。根据上述实际的接口,各自所需的接口数量如表6-7所示。由此表可见,如果每个输入输出及控制端都独享单片机的I/O口,所选单片机就不能满足系统要求。因此,如果任务中需要有键盘输入、数码管字模输出,有些I/O端口线必须采用复用技术,如键盘扫描输入、数码管字模输出线可以共用P0口,接口具体安排如表6-7所示。

表 6-7 接口安排

序号	接口名称	次序号	控制位名称	单片机接口	位数量
1	机械手检测输入	0	1工位位置检测	P3.0	9
		1	2工位位置检测	P3.1	
		2	3工位位置检测	P3.2	
		3	手爪上升到位检测	P3.3	
		4	手爪下降到位检测	P3.4	
		5	手爪夹紧检测	P3.5	
		6	手爪物料有无检测	P3.6	
		7	1工位物料有无检测	P3.7	
		8	2工位物料有无检测	P2.6	
2	机械手输出控制	0	手臂左移控制	P1.0	5
		1	手臂右移控制	P1.1	
		2	手爪夹紧电磁阀	P1.2	
		3	手爪放松电磁阀	P1.3	
		4	手爪升降电磁阀	P1.4	
3	键盘扫描输入	0～7	行列线(ROW0～COL3)	P0.0～P0.7	8
4	数码管控制	0	WR	P2.0	3
		1	CS1	P2.1	
		2	CS2	P2.2	
5	数码管字模输出线	0～7	D0～D7	P0.0～P0.7	8
6	蜂鸣器控制	0	6	P1.5	1

五、各模块导线连接

机械手与各模块间的导线连接如图6-55所示。

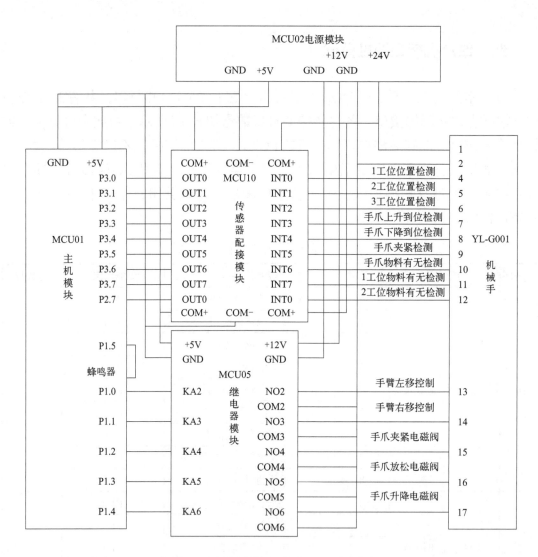

图 6-55　机械手与单片机及其他模块接线

接线注意事项：

（1）接线之前先将电源断开；

（2）由于机械手部分使用的是24V电压，单片机使用的是5V电压，它们之间千万不能直接相连，保证接线正确；

（3）经老师检查合格才能进行下一工作（此时还不能送电）。

子任务三　机械手硬件调试

一、机械手调试之前的准备工作

（1）通电之前，必须先开启空气压缩机，并检查空气压缩机的输出气压是否达到规定要求、气路是否畅通、有无漏气等现象，如有异常必须先进行维修，直到正常才能进行下一步。

（2）检查机械手机构是否完整、有无变形等现象。当空气压缩机开启后，机械臂上的手爪应处在最上方，否则可能是气压不足或气路有问题。

（3）检查220V电源是否正常、系统接线有无松动或脱落现象。

（4）上述一切正常后，再接通直流电源。

注：在以后每次机械手通电前，都要进行上述工作。

二、机械手基本调试内容与方法

1. 机械手调试步骤与内容

（1）真空泵和机械手的供电电源、有关气路及中间的开关状态检查，真空泵启动后的气压、机械手减压阀上的指示气压、手爪的位置观察。

（2）机械手减压阀气压调节。

（3）各行程开关的对应位置调节、输入信号检测。

（4）工位1、2物料检测传感器调试。

（5）手爪复位、到位、抓紧检测传感器调试。

（6）光电传感器调试。

（7）手爪上下移动控制检测及速度调节。

（8）手臂左右移动控制检测。

（9）手爪抓紧与放松控制检测及速度调节。

2. 有关观察、检测、调试方法

（1）真空泵减压阀气压调节　通过调节真空泵上的减压阀可使真空泵输出气压的大小稳定在一个恒定的值。具体方法是：将减压阀上端盖向上拔起（不要用力过大，以免拔掉或损坏），然后调节自动稳压值的大小。

（2）机械手减压阀气压调节　与真空泵减压阀气压调节完全相同。其值为供给机械手使用的气压。

（3）各行程开关的对应位置调整及输入信号检测　位置调整：先在下接料斗中放好球，将P1.0、P1.1分别接到指令模块中的SA1和SA2上，并将SA1和SA2手柄置于向上位置；通过搬动SA1和SA2手柄控制机械手臂左右移动，检查机械手爪中心处在各工位行程开关位置时是否正好处在工位的上方，否则松开固定行程开关的螺丝，调整行程开关在水平方向的位置，以使机械手臂上的凹凸块挤压行程开关时正好处在工位正上方。信号检测：将该信号的低压输出端接一个发光二极管（利用显示模块上的LED二极管），用手按动行程开关，观察二极管是否发光，如发光说明输入电路正常，否则不正常。

（4）工位1、2物料检测传感器调试　松开固定工位1、2物料检测传感器上的螺母，可以看到传感器上的调节螺栓（里面有一个发光二极管），当工位上有球时，发光二极管就发光，这说明它检测到了工位上的物料，否则就要进行调整，通过调节上面的调节螺栓可使发光二极管亮或不亮。

（5）手爪复位、到位、抓紧检测传感器检查与调试　将控制机械手爪抓紧、放松和上下移动的控制线KA4、KA5、KA6分别改接到SA1、SA2、SA3上，并将手柄置于向上位置。同时，将信号输出端（OUT3、OUT4和OUT5）分别接一个发光管，通过控制手动开关使手爪分别处于最上方、最下方和抓紧状态，观察对应的发光二极管是否发光，如果发光，说明该传感器检测正常，否则调节传感器安装位置，再进行检测，如果还不正常可能是接线或元件本身有问题，应做进一步检查。

（6）光电传感器调试　光电传感器主要用于手爪中有无物料的检测，当光电传感器最下方的指示灯亮时，说明检测到了物料。

（7）手爪上下移动控制检测及速度调节　将KA6改接到SA上，通过扳动手柄可使手爪上下移动，如果没有反应，说明线路或元件有问题，应做进一步检查。通过调节上下驱动气缸上的气阀开关开度可调节气缸的运动速度，一般是顺时针旋转气阀开度减小，逆时针旋转气阀开度增大，气缸运动速度加大。

（8）手臂左右移动控制检测　方法与手爪上下移动控制检测相同，只是分别将KA2和KA3改接到两个SA上。

（9）手爪抓紧与放松控制检测及速度调节　检测与速度调节方法与手爪上下移动控制检测及速度调节相同，只是分别将KA4和KA5改接到两个SA上。抓紧与放松速度调节与手爪上下移动调节相同。

子任务四　机械手软件编程调试

一、机械手初始化程序设计

根据任务要求，系统初始化要完成的工作是：无论机械手的手爪在任何位置，都要移动到工位3的上方，且手爪处于张开状态。为完成上述工作，其程序设计思想如图6-56所示。

二、物料搬运处理函数

机械手控制函数的程序设计主要围绕机械手的各种动作展开，如开始前搬运位置判断、右移到2工位或1工位、手爪下降、手爪抓紧、手爪上升、手爪左移到3工位、手爪放松和停止，共由8个环节组成。

由于机械手运动相对单片机而言要慢长得多，如果在物料搬运过程中单片机始终处于查询等待状态，系统中的其他控制任务就难以及时处理。因此，物料搬运函数只能在较短的时间内完成工作，仅用于位置查询、运动状态改变和输出控制等简单处理，在函数中不能使用软件延时。

编程思路是首先设机械手动作状态变量S，规定不同值分别代表不同的动作状态，如S6表示机械手放松操作，其他值所表达的意义如表6-8所示。

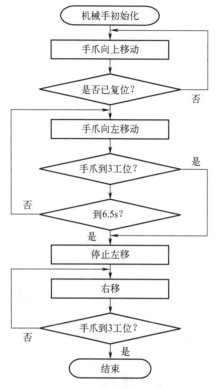

图 6-56 机械手初始化程序流程图

表 6-8 动作状态含义

S	0	1	2	3	4	5	6	7
动作状态	位置判断	右移到2工位或1工位	下降	夹紧	上升	左移到3工位	放松	停止并计数

在物料搬运函数处理前，在主程序中，通过2工位或1工位中是否有物料决定到1工位或2工位取球。为了节省搬运时间，如果2工位有物料就到2工位去取。

在物料搬运过程中，每种动作的开始或结束由操作命令、位置信号和定时器决定。当放松动作结束后，搬运次数变量减1，再重新根据供料斗中的物料情况决定S的初值，然后开始新一轮搬运工作，直到搬运次数为零。具体程序流程图如图6-57所示。限于篇幅，搬运次数输入函数、哪个工位有料、选择到哪个工位搬运以及数码管输出显示等程序细节省略。

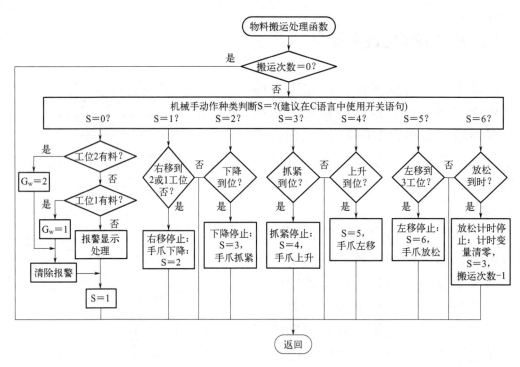

图 6-57 物料搬运函数流程图

子任务五　实战练习

一、硬件接线

物料搬运装置　　传感器配接模块　　主机模块　　继电器模块　　物料搬运
（端子号4）　⟶　IN0　OUT0　⟶　P3.0
（端子号5）　⟶　IN1　OUT1　⟶　P3.1
（端子号6）　⟶　IN2　OUT2　⟶　P3.2
（端子号7）　⟶　IN3　OUT3　⟶　P3.3
（端子号8）　⟶　IN4　OUT4　⟶　P3.4
（端子号9）　⟶　IN5　OUT5　⟶　P3.5
（端子号11）⟶　IN6　OUT6　⟶　P3.6
（端子号12）⟶　IN7　OUT7　⟶　P3.7
（端子号10）⟶　IN0　OUT0　⟶　P2.7

P1.0　⟶　K2　NO　⟶（端子号13）
P1.1　⟶　K3　NO　⟶（端子号14）
P1.2　⟶　K4　NO　⟶（端子号15）
P1.3　⟶　K5　NO　⟶（端子号16）
P1.4　⟶　K6　NO　⟶（端子号17）

物料搬运装置	传感器配接模块	继电器模块
红端24V	COM 24V　COM+ 5V	COM 24V 地
黑端0V	COM− 0V	

二、软件编写程序、调试运行

参考程序：

```c
#include <REGX52.h>
#define uint unsigned int
/*******************************
sbit IN1=P3^0;   //行程1
sbit IN2=P3^1;   //行程2
sbit IN3=P3^2;   //行程3
sbit IN4=P3^3;   //上升到位
sbit IN5=P3^4;   //下降到位
sbit IN6=P3^5;   //夹紧到位
sbit IN9=P3^6;   //光纤(手爪物料有无检测)
sbit IN7=P3^7;   //1工位
sbit IN8=P2^0;   //2工位
sbit OUT1=P1^0;  //左移
sbit OUT2=P1^1;  //右移
sbit OUT3=P1^2;  //夹紧
sbit OUT4=P1^3;  //放松
sbit OUT5=P1^4;  //下降
延时
********************************/
void delay(uint t)
{
    unsigned char i;
    while(t--)
    {
        for(i=123;i>0;i--);
    }
}
void initial()
```

```c
    {
        P3=0XFF;
        P1=0XFF;            //手爪上升
        delay(300);
        if(INT9==0)         //如果手爪有东西,那向左运动,放松手爪后回1工位
        {
            OUT1=0;
            while(INT3!=0){;;}
            OUT1=1;
            OUT4=0;
            delay(200);
            OUT4=1;
        }
        if(INT6==0)
            {
             OUT4=0;
             delay(300);
              OUT4=1;
            }
        if(INT1!=0)
        {
            OUT2=0;         //当电机不在1工位的时候,电机向右运动
            while(INT1!=0){;;}
            OUT2=1;         //当电机到达1工位时,电机停下
        }
    }
    void dongzhuo1(void)
    {
            uint j=0;
            OUT4=0;         //手爪放松
             delay(300);
            OUT4=1;         //手爪放松电磁阀关闭
            OUT5=0;         //手爪下降
            while(INT5==1){;;}   //手爪到位检测
            OUT3=0;         //手爪夹紧
```

```
        delay(200);
        OUT3=1;
        while(1)
        {
            delay(100);
            if(INT6==0)
                {break;}
            else
                {
                 OUT4=0;
                 delay(300);
                 OUT4=1;
                 break;
                 }

        OUT5=1;              //手爪上升
         delay(500);
        while(INT4==1){;;}   //手爪复位检测
}


void dongzhuo2(void)
{
        OUT1=0;
        while(INT3!=0){;;}
        OUT1=1;
        delay(1000);
        if(INT3==0)          //再次判断有没有真的到达 3 工位
        {
        OUT4=0;
        delay(200);
        OUT4=1;}
        else
        {
        OUT1=0;
        while(INT3!=0){;;}
```

```
            OUT1=1;
            delay(300);
            OUT4=0;
            delay(1000);
            OUT4=1;}
    }


    void main()
    {
        delay(300);
        initial();
        while(1)
        {
            if(INT7==0)                    //如果1工位有球
            {
                if(INT1!=0)                //如果电动机不在1工位,电动机向右
                {
                    OUT2=0;
                    while(INT1!=0){;;}
                    OUT2=1;                // 当电动机到达1工位时,电机停下
                }
                if(INT7==0)                // 再次判断1工位有没有球,有球,手爪下降抓球
                {dongzhuo1();
                    if(INT9==0)
                        {dongzhuo2();;}
                    else
                    {
                        OUT4=0;
                        delay(500);
                        OUT4=1;
                    }
                }
            }
    if((INT8==1)&&(INT7==1))               //1、2工位都没球
            {
```

```
        initial();
      }
    }
}
```

任务评价

使用考核评价表（表6-9）进行任务评价。

表6-9 考核评价表

考核内容	硬件部分				软件部分				职业操守				其他
评价	智能物料搬运硬件接线、检测				智能物料搬运程序编写、运行调试				安全、协助、文明操作				
	优	良	中	差	优	良	中	差	优	良	中	差	
综合评分													
收获体会													

注：在"优、良、中、差"下面的框中用"√"选择评价等级

动脑筋

1. 如何实现两个工位的循环搬运？
2. 如何设置搬运的优先级？

作业

一、简答题

1. 简述机械手的机械结构、组成及功能。
2. 机械手如何实现两个工位的循环搬运？

二、编写程序题

1. 完成机械手和数码管的初始化：无论机械手的手爪在何位置，都要移动到3工位的上方，且手爪处于张开状态；数码管的右两位显示"0"，最左端则显示"-"，其他各位无显示。
2. 完成机械手和数码管初始化工作后，用矩阵键盘输入2位十进制数，并在数码管

的右两位上显示。

3. 根据上述输入数据,把它作为要求机械手搬运物料的次数,让机械手不断循环完成物料搬运工作,直到完成相应的搬运次数为止,搬运过程中数码管最左端显示"P"。

阅览室

机械手是一种能模仿人手和臂的某些动作功能,用以按固定程序抓取、搬运物件或操作工具的自动操作装置。特点是可以通过编程来完成各种预期的作业,构造和性能上兼有人和机械手机器各自的优点。

机械手是最早出现的工业机器人,也是最早出现的现代机器人,它可代替人的繁重劳动以实现生产的机械化和自动化,能在有害环境下操作以保护人身安全,因而广泛应用于机械制造、冶金、电子、轻工等部门。

一、机械手的应用前景

随着网络的发展,机械手的联网操作也是以后发展的方向。工业机器人是近几十年发展起来的一种高科技自动化生产设备。工业机械手是工业机器人的一个重要分支。它的特点是可通过编程来完成各种预期的作业任务,在构造和性能上兼有人和机器各自的优点,尤其体现了人的智能和适应性。机械手作业的准确性和在各种环境中完成作业的能力,使之在国民经济各领域有着广阔的发展前景。

机械手是在机械化、自动化生产过程中发展起来的一种新型装置,在现代生产过程中,机械手被广泛地运用于自动生产线中。机器人的研制和生产已成为高技术领域内迅速发展起来的一门新兴技术,它更加促进了机械手的发展,使得机械手能更好地实现与机械化和自动化的有机结合。机械手虽然还不如人手那样灵活,但它具有能不断重复工作和劳动、不知疲劳、不怕危险、抓举重物的力量比人手力大的特点,因此,机械手已受到许多部门的重视,并越来越广泛地得到了应用。

二、机械手在运行中出现的问题及解决方案

1. 机械手运动到某个特定位置停止

系统经过多次实际运行证明这种故障相对较多。根据机械手基本动作控制原理,每个基本动作的结束控制是由位置检测信号而定的,只有放松是靠定时器来解决的。其中,位置检测有:上升到位、下降到位、三个工位位置。因此,这种现象出现多数是位置检测出了问题。

解决方法是先检查在哪个基本动作环节出现这种现象,然后人为改变位置开关的断开与闭合,同时用万用表的电压挡测量对应输入端,如果对应位置开关处于接

通状态时电压为零，说明机械手一侧（含传感器）没有问题，反之是该测量点到单片机PIO对应引脚之间有问题。如果位置开关是磁气缸中的电磁接近开关，则用手按动气缸上的按钮，使气缸运动到接近开关通的位置。

如果是机械手一侧有问题，应检查机械手一侧的线路、行程开关或电磁接近开关是否存在问题，或电磁接近开关的安装位置是否需要重新调整；如果是单片机一侧有问题，则检查该测量点到单片机PIO对应引脚之间的线路、元件是否有问题。如果都正常，就有可能是单片机、系统稳定性和软件设计出现了问题，在此不做过多的论述。

2. 机械手左移时总是碰撞接料斗

经多次试验发现，此故障有两个原因其一是气压不足，应检查气泵和管线；其二是机械手开路或线路有短路现象。这种问题，同样用检测输入端信号电平高低进行判别，然后进行修复。

3. 供料斗中有料，但总是出现无料报警

这种情况一般是工位上或手爪上的物料检测传感器出了问题。维修方法：接通直流电源部分，把一个物料放在其中1个工位上或手爪中，同时用万用表检查对应输入信号，如果信号始终无变化，说明传感器灵敏度调节不合适，要用工具调节传感器的灵敏度，在有料时将输出信号调节到低电平为止。如果始终调不到低电平，说明传感器损坏，应进行更换。

4. 键盘输入问题

在输入数据或命令时键盘出现迟钝现象，这种现象有两个原因：其一是键盘使用时间过长，产生了严重的机械性接触不良，此时，可把有问题的键拆下来进行清洗或更换；其二是软件的原因，是由键盘扫描间隔过长造成的，要对程序进行修改。

在输入数据或命令时键盘出现过于灵敏现象，就是按一次键连续输入若干个相同的字符或数字。这种情况下，最简单的办法是提高按键的速度，另一个方法是软件中延长按键防抖动时间。

5. 系统的稳定性问题

在系统工作中，可能有不明原因产生死机或动作混乱现象。这种情况一般是由工作环境恶劣、有干扰源、接线混乱或是各模块硬件位置不合理等原因造成的。如果是前两种原因，则消除干扰源，改善工作环境即可；如果是后两种原因，则进行接线整理，调整硬件之间的相对位置可以解决。

参考文献

[1] 何文平,龙建飞,等.单片机应用与调试项目教程(汇编语言版).北京:机械工业出版社,2018.

[2] 葛金印,商联红.单片机控制项目训练教程.北京:高等教育出版社,2010.

[3] 雷林均.单片机控制装置安装与调试.北京:电子工业出版社,2011.

[4] 王国明.单片机技术应用项目教程.北京:机械工业出版社,2022.